# 大数据开发技术与行业应用研究

杨 丹 著

辽宁大学出版社
Liaoning University Press

图书在版编目（CIP）数据

大数据开发技术与行业应用研究/杨丹著. —沈阳：
辽宁大学出版社，2019.12
ISBN 978-7-5610-9891-2

Ⅰ.①大… Ⅱ.①杨… Ⅲ.①数据处理 – 研究 Ⅳ.
①TP274

中国版本图书馆CIP数据核字(2019)第296228号

## 大数据开发技术与行业应用研究
### DASHUJU KAIFA JISHU YU HANGYE YINGYONG YANJIU

出 版 者：辽宁大学出版社有限责任公司
　　　　　（地址：沈阳市皇姑区崇山中路66号　邮政编码：110036）
印 刷 者：辽宁鼎籍数码技术有限公司
发 行 者：辽宁大学出版社有限责任公司
幅面尺寸：170mm×240mm
印　　张：15.75
字　　数：300千字
出版时间：2019年12月第1版
印刷时间：2020年3月第1次印刷
责任编辑：张　茜
封面设计：孙红涛　韩　实
责任校对：齐　悦

书　　号：ISBN 978-7-5610-9891-2
定　　价：59.00元

联系电话：024-86864613
邮购热线：024-86830665
网　　址：http:// press. Inu. edu. cn
电子邮件：lnupress@ vip.163.com

# 前　言

随着计算机和信息技术的迅猛发展和普及应用，行业数据爆炸性增长，全球已经进入了大数据时代。大数据已引起全球业界、学术界和各国政府的高度关注。大数据已经渗透到各行各业，巨大的数据资源已成为国家和企业的战略资源。

大数据给全球带来了重大的发展机遇与挑战。一方面，大规模数据资源蕴含着巨大的商业价值和社会价值，有效地管理和利用这些数据、挖掘数据的深度价值，将对国家治理、社会管理、企业决策和个人生活产生巨大的影响。另一方面，大数据在带来新的发展机遇的同时，也带来很多技术挑战。格式多样、形态复杂、规模庞大的行业大数据给传统的计算技术带来了巨大挑战，传统的信息处理与计算技术已难以有效地应对大数据的处理。因此，需要从计算技术的多个层面出发，采用新的技术方法，才能进行有效的大数据处理。

大规模数据的有效处理面临数据的存储、计算和分析等几个层面上的主要技术困难，本书主要由大数据概论、处理大数据技术、大数据平台解决方案、大数据分析并行化算法研究、Spark 部署及数据分析、大数据机器学习与数据分析以及大数据应用案例等部分组成，全书以大数据技术开发与行业应用为研究对象，分析大数据技术算法及处理平台的搭建，阐述大数据处理技术实际操作的应用，对大数据技术爱好者、数据挖掘技术的研究者和科技人员有学习和参考价值。

由于作者水平有限，书中存在不足之处，敬请读者予以指正。

杨　丹

2019 年 5 月

# 目 录

第 1 章　大数据概论　/　001

　　1.1　大数据技术简介　/　001

　　1.2　大数据计算模式　/　006

　　1.3　大数据执行方式　/　010

　　1.4　大数据应用领域　/　014

　　1.5　大数据发展及面临的挑战　/　018

第 2 章　处理大数据技术　/　025

　　2.1　Hadoop MapReduce 短作业执行性能　/　025

　　2.2　HBase 系统安装　/　045

　　2.3　Zookeeper 系统安装　/　050

第 3 章　大数据平台解决方案　/　054

　　3.1　大数据平台比较　/　054

　　3.2　CDH 大数据平台搭建　/　055

　　3.3　HDP 大数据平台搭建　/　064

第 4 章　大数据分析并行化算法研究　/　075

　　4.1　内容概述　/　075

　　4.2　神经网络训练并行化算法　/　076

　　4.3　基于 K-Means 直方图近似大规模 GBRT 并行化算法　/　092

　　4.4　大规模语义并行化算法　/　104

第 5 章　Spark 部署及数据分析 / 116

5.1　Spark RDD / 116

5.2　Spark 的工作机制 / 120

5.3　Spark 的数据读取及集群搭建 / 124

5.4　Spark 的应用案例 / 128

第 6 章　大数据机器学习与数据分析 / 132

6.1　大数据机器学习的背景 / 132

6.2　编程模型与系统框架简介 / 137

6.3　分布式平台的运算 / 140

6.4　矩阵计算流图优化 / 150

6.5　系统的设计与实现 / 164

第 7 章　大数据在道路运输管理中的应用 / 171

7.1　道路运输大数据分析 / 171

7.2　班线客运运营状况分析 / 179

第 8 章　大数据在自助营销中的应用 / 203

8.1　大数据在自助营销平台的价值 / 203

8.2　大数据在自助营销平台的原则 / 208

8.3　大数据在自助营销平台的场景实例 / 214

第 9 章　大数据在医疗中的应用 / 222

9.1　解决抗生素危机 / 223

9.2　使用大数据治病 / 224

9.3　基于改进 Apriori 算法的肺部肿瘤疾病模式分析 / 225

9.4　生物黑客 / 235

9.5　电子健康 / 237

参考文献 / 240

# 第1章　大数据概论

近几年，大数据迅速发展成为科技界和企业界甚至世界各国政府关注的热点。人们对于大数据的挖掘和运用，预示着新一波生产力增长和消费盈余浪潮的到来。美国政府认为，大数据是"未来的钻石矿和新石油"，一个国家拥有数据的规模和运用数据的能力将成为综合国力的重要组成部分，对数据的占有和控制将成为国家间和企业间新的争夺焦点。全球著名管理咨询公司麦肯锡（McKinsey&Company）首先提出了"大数据时代"的到来，并声称："数据已经渗透到当今各行各业的职能领域，成为重要的生产因素。"

## 1.1　大数据技术简介

### 1.1.1　概述

大数据并不只是存储规模从吉字节 (GigaByte，GB) 到太字节 (TeraByte，TB) 的简单的数量级增长，虽然数据集仍如预期迅速增长，但更确切地讲，大数据是各类数据集合的汇总，包括一些结构化和非结构化数据，一些由物理数据源转换为在线数据集的数据集，以及事务型和非事务型数据库。数据集来源多种多样，包括一些自产数据和第三方数据。通常数据集的存储模式存在差异，缺乏一致性。一般来说，大数据的处理繁冗复杂，支出明显过高，即便并非完全行不通，现有的运算技术也很难支持大数据计算。

此外，在技术上，数据集合达到何种规模才符合大数据标准尚未达成共识。而技术领域内部更倾向于从描述数据特征、衡量数据规模、计算处理大规模数据量来定义大数据。

2001 年，美国 DougLaney（高德纳咨询公司）的一份报告对大数据进行了定义，强调大数据必须具备 3V 特征，即容量大 (volume)、多样化 (variety) 和速度快 (velocity)。而在此基础上，已经有不同的公司及科研机构对其进行了扩展，大数据特性描述的演化，如表 1-1 所示。

表1-1　大数据特性描述的演化情况

| 特　点 | 提出时间 | 作者或机构 | 内　涵 |
|---|---|---|---|
| 规模性（volume） | 2001 年 | DougLaney（高德纳咨询公司） | 体量大，数据量级可达 TB、PB 乃至 EB 以上 |
| 高速性（velocity） | | | 数据分析和处理速度快，俗称"秒级定律" |
| 多样性（variety） | | | 数据类型多样 |
| 价值性（value） | 2012 年 | 咨询机构 IDC | 价值稀疏性，即具有高价值低密度的特点 |
| 真实性（veracity） | 2012 年 | IBM（国际商业机器公司） | 数据反映客观事实 |
| 易变性（variability） | 2012 年 | Brian Hopkins&Boris Evelson（弗雷斯特研究公司） | 大数据具有多层结构 |

由表 1-1 可以看出，随着时间的演化，业界对于大数据的认识也更深入、全面。除以上对大数据特性的通用性描述之外，不同应用领域的大数据的具体特性也存在差异性。例如，互联网领域需要实时处理和分析用户购买行为，以便及时制定推送方案，返回推荐结果来迎合和激发用户的消费行为，对精度及可靠性要求较高；医疗领域需要根据用户病例及影像等信息判断病人的病情，由于其与人们的健康息息相关，所以对其精度及可靠性要求非常高。表 1-2 列举了不同领域大数据的具体特点及应用案例。

表1-2　不同领域大数据的具体特点及应用案例

| 领　域 | 用户数目 | 响应时间 | 数据规模 | 可靠性要求 | 精度要求 | 应用案例 |
|---|---|---|---|---|---|---|
| 科学计算 | 小 | 慢 | TB | 一般 | 非常高 | 大型强子对撞机数据分析 |
| 金融 | 大 | 非常快 | GB | 非常高 | 非常高 | 信用卡营销 |

| 领　域 | 用户数目 | 响应时间 | 数据规模 | 可靠性要求 | 精度要求 | 应用案例 |
|---|---|---|---|---|---|---|
| 医疗领域 | 大 | 快 | EB | 非常高 | 非常高 | 病历、影像分析 |
| 物联网 | 大 | 快 | TB | 高 | 高 | 迈阿密戴德县的智慧城 |
| 互联网 | 非常大 | 快 | PB | 高 | 高 | 网络点击流入侵检测 |
| 社交网络 | 非常大 | 快 | PB | 高 | 高 | Facebook、QQ等结构挖掘 |
| 移动设备 | 非常大 | 快 | TB | 高 | 高 | 可穿戴设备数据分析 |
| 多媒体 | 非常大 | 快 | PB | 高 | 一般 | 史上首部大数据制作的电视剧《纸牌屋》 |

由表1-2可以看出，不同应用领域的数据规模、用户数目及精度要求等均存在较大的差异。例如，互联网领域与人的正常活动息息相关，其数据量达PB级别，用户数目非常大，而且以用户实时性请求为主。与此不同，在科研领域中，其用户数目相对较少，产生的数据量级别在TB级。因此，对大数据后续的分析及处理必须因地制宜，才能实现大数据价值的最大化。

## 1.1.2　大数据的关键技术

大数据的关键技术包括大数据采集技术、大数据预处理技术、大数据存储及管理技术、大数据分析及挖掘技术和数据可视化技术。

1. 大数据采集、预处理与存储管理

（1）大数据采集技术：数据采集主要通过Web、应用、传感器等方式获得各种类型的结构化、半结构化及非结构化数据，难点在于采集量大且数据类型繁多。采集网络数据可以通过网络爬虫或API的方式来获取。对于系统管理员来说，系统日志对于管理有重要的意义，很多互联网企业都有自己的海量数据收集工具，用于系统日志的收集，能满足每秒数百MB的日志数据采集和传输需求，如Hadoop的Chukwa、Flume，Facebook的Scribe等。

（2）大数据预处理技术：大数据的预处理包括对数据的抽取和清洗等方面。由于大数据的数据类型是多样化的，不利于快速分析处理，而数据抽取过程可以将数据转化为单一的或者便于处理的数据结构。数据清洗是指发现并纠正数据文件中可识别的错误的最后一道程序，可以将数据集中的残缺数据、错误数据和重复数据筛选出来并丢弃。常用的数据清洗工具有DataWrangler、GoogleRefine等。

（3）大数据存储及管理技术：大数据的存储及管理与传统数据相比，难点在于数据量大，数据类型多，文件大小可能超过单个磁盘容量。企业要克服这些问题，实现对结构化、半结构化、非结构化海量数据的存储与管理，可以综合利用分布式文件系统、数据仓库、关系型数据库、非关系型数据库等技术。常用的分布式文件系统有 Google 的 GFS、Hadoop 的 HDFS、SUN 的 Lustre 等。

2. 大数据分析与挖掘

数据分析及挖掘是利用算法模型对数据进行处理，从而得到有用的信息。数据挖掘是从大量复杂的数据中提取信息，通过处理分析海量数据发现价值。大数据平台通过不同的计算框架执行计算任务，实现数据分析和挖掘的目的。常用的分布式计算框架有 MapReduce、Storm 和 Spark 等。其中 MapReduce 适用于复杂的批量离线数据处理；Storm 适用于流式数据的实时处理；Spark 基于内存计算，具有多个组件，应用范围较广。

数据分析是指根据分析目的，用适当的统计分析方法对收集来的数据进行处理与分析，提供有价值信息的一种技术。

数据分析的类型包括描述性统计分析、探索性数据分析和验证性数据分析。描述性统计分析是指对一组数据的各种特征进行分析，用于描述测量样本及其所代表的总体的特征。探索性数据分析是指为了形成值得假设的检验而对数据进行分析的一种方法，是对传统统计学假设检验手段的补充。验证性数据分析是指事先建立假设的关系模型，再对数据进行分析，验证该模型是否成立的一种技术。

数据挖掘是指从大量的数据中，通过统计学、人工智能、机器学习等方法，挖掘出未知的、有价值的信息和知识的过程。

数据挖掘有以下 5 个常见类别的任务。

（1）偏差分析：能识别异常数据记录，异常数据可能是有价值的信息，但需要进一步调查的错误数据。

（2）关联分析：能搜索变量之间的关系。例如，超市可能会收集有关客户购买习惯的数据，运用关联规则分析，超市可以确定哪些产品经常在一起购买，并将此信息用于营销目的。

（3）聚类分析：是在数据中以某种方式或其他"相似"发现数据组和结构的任务，而不使用数据中的已知结构。

（4）分类：是将已知结构推广到新数据的任务。例如，电子邮件程序可能会尝试将电子邮件分类为"合法"或"垃圾邮件"。

（5）回归：是利用历史数据找出变化规律。它尝试找到以最小误差建模的函数，用于估计数据或数据集之间的关系。结合自然语言处理、文本情感分析、机器学习、聚类关联、数据模型进行数据挖掘，可以帮助我们在海量数据中获取更多有价值的信息。

3. 数据可视化

数据可视化是指将数据以图像形式表示，向用户清楚有效地传达信息的过程。通过数据可视化技术，可以生成实时的图表，能对数据的生成和变化进行观测、跟踪，也可以形成静态的多维报表以发现数据中不同变量的潜在联系。

## 1.1.3 数据的计量

大数据出现以后，人们对数据的计量单位也逐步变化，常用的 KB、MB 和 GB 已不能有效地描述大数据。在大数据研究和应用时，我们经常会接触到数据存储的计量单位。下面对数据存储的计量单位进行介绍。

计算机学科中一般采用 0、1 这样的二进制数来表示数据信息，信息的最小单位是 bit(比特)，一个 0 或 1 就是一个比特，而 8bit 就是一字节(Byte)，如 10010111 就是 1Byte。习惯上人们用大写的 B 表示 Byte。信息的计量一般以 $2^{10}$ 为一个进制，如 1024Byte=1KB(KiloByte，千字节)，更多常用的数据单位换算关系如表 1-3 所示。

表1-3　数据存储单位之间的换算关系

| 单位名称 | 换算单位 |
| --- | --- |
| Byte（字节） | 1Byte=8bit |
| KB(KiloByte，千字节) | 1KB=1024Byte |
| MB（MegaByte，兆字节） | 1MB=1024KB |
| GB（GigaByte，吉字节） | 1GB=1024MB |
| TB（TeraByte，太字节） | 1TB=1024GB |
| PB（PetaByte，拍字节） | 1PB=1024TB |
| EB（ExaByte，艾字节） | 1EB=1024PB |
| ZB（ZettaByte，泽字节） | 1ZB=1024EB |
| YB（YottaByte，尧字节） | 1YB=1024ZB |
| BB（BrontoByte，珀字节） | 1BB=1024YB |
| NB（NonaByte，诺字节） | 1NB=1024BB |
| DB（DoggaByte，刀字节） | 1DB=1024NB |

目前，市面上主流的硬盘容量大多为 TB 级，典型的大数据一般都会用到 PB、EB 和 ZB 这 3 种单位。

## 1.2 大数据计算模式

大数据处理技术除了使用频率较高的 MapReduce 之外，还有多种大数据计算模式。本书主要介绍几种常用的大数据计算模式，如查询分析计算（HBase、Hive、Dremel、Cassandra、Impala、Shark、HANA）、批处理计算（Hadoop、Spark）、流计算（Scribe、Flume、Storm、S4、Spark Streaming）、迭代计算（HaLoop、iMapReduce、Twister、Spark）、图计算（Pregel、Giraph、Trinity、GraphX、PowerGraph）、内存计算（Spark、HANA、Dremel）。

当人们提到大数据处理技术时，就会自然而然地先想到 MapReduce。而实际上，MapReduce 只是大数据计算模式中使用频率较高的一种，大数据处理的问题复杂多样，数据源类型也较多，包括结构化数据、半结构化数据、非结构化数据。由此可见，单一的计算模式早已无法满足不同类型的计算需求。例如，有些场合需要对海量已有数据进行批量处理，有些场合需要对大量实时生成的数据进行实时处理，有些场合需要在数据分析时进行反复迭代计算，有些场合需要对图数据进行分析计算。目前，主要的大数据计算模式有查询分析计算、批处理计算、流计算、迭代计算、图计算和内存计算等。

### 1.2.1 查询分析计算

大数据时代，查询分析计算系统需要具备对大规模数据实时或准实时查询的能力，数据规模的增长已经超出了传统关系型数据库的承载和处理能力。目前，主要的数据查询分析计算有 HBase、Hive、Dremel、Cassandra、Impala、Shark、HANA 等。

HBase：开源、分布式、面向列的非关系型数据库模型，是 Apache 的 Hadoop 项目的子项目，源于 Google 论文《Bigtable：一个结构化数据的分布式存储系统》，它实现了其中的压缩算法、内存操作和布隆过滤器。HBase 的编程语言为 Java。HBase 的表能够作为 MapReduce 任务的输入和输出，可以通过 JavaAPI 来存取数据。

Hive：基于 Hadoop 的数据仓库工具，用于查询、管理分布式存储中的大数据集，提供完整的 SQL 查询功能，可以将结构化的数据文件映射为一张数据表。Hive 提供了一种类 SQL 语言（HiveQL），可以将 SQL 语句转换为 MapReduce 任务运行。

Dremel：由谷歌公司开发，是一种可扩展的、交互式的实时查询系统，用于只读嵌套数据的分析。通过结合多级树状执行过程和列式数据结构，它能做到几秒内完成对万亿张表的聚合查询。系统可以扩展到成千上万的 CPU 上，满足谷歌上万用户操作 PB 量级的数据，并且可以在 2 ~ 3 秒完成 PB 量级数据的查询。

Cassandra：开源 NoSQL 数据库系统，最早由 Facebook 开发，并于 2008 年开源。由于其良好的可扩展性，Cassandra 被 Facebook、Twitter、Rackspace、Cisco 等公司使用，其数据模型借鉴了 Amazon 的 Dynamo 和 Google's BigTable，是一种流行的分布式结构化数据存储方案。

Impala：由 Cloudera 公司参考 Dremel 系统开发，是运行在 Hadoop 平台上的开源大规模并行 SQL 查询引擎。用户可以使用标准 SQL 接口的工具快速查询存储在 Hadoop 的 HDFS 和 HBase 中的 PB 量级大数据。

Shark：Spark 上的数据仓库实现，即 Spark SQL，与 Hive 相兼容，但处理 HiveQL 的性能比 Hive 快 100 倍。

HANA：由 SAP 公司开发的与数据源无关、软硬件结合、基于内存计算的平台。

## 1.2.2　批处理计算

批处理计算主要解决针对大规模数据的批量处理，也是日常数据分析工作中常见的一类数据处理需求。MapReduce 是最具有代表性和影响力的大数据批处理技术，可以并行执行大规模数据集（TB 量级以上）的处理任务。MapReduce 对具有简单数据关系、易于划分的海量数据采用"分而治之"的并行处理思想，将数据记录的处理分为 Map 和 Reduce 两个简单的抽象操作，提供了一个统一的并行计算框架，但是 MapReduce 的批处理模式不支持迭代计算。批处理计算系统将并行计算的实现进行封装，大大降低了开发人员的并行程序设计难度。典型的批处理计算系统除了 MapReduce，还有 Hadoop 和 Spark。

Hadoop：目前大数据处理最主流的平台，是 Apache 基金会的开源软件项目，是使用 Java 语言开发实现的。Hadoop 平台使开发人员无须了解底层的分布式细节，即可开发出分布式程序，在集群中对大数据进行存储、分析。

Spark：由加州伯克利大学 AMP 实验室（Algorithms Machines and People Lab）开发，适合用于机器学习、数据挖掘等迭代运算较多的计算任务。由于 Spark 引入了内存计算的概念，运行 Spark 时服务器使用内存替代 HDFS 或本地磁盘来存储中间结果，大大加速了数据分析结果的返回速度。Spark 提供了比 Hadoop 更高层的 API，同样的算法在 Spark 中的运行速度比 Hadoop 快 10 ~ 100 倍。Spark 在技术层面兼容 Hadoop 存储层 API, 可访问 HDFS、HBASE、SequenceFile 等。Spark-Shell 可以开启交互式 Spark 命令环境，能够提供交互式查询。因此，可将其运用于需要互动分析的场景。

### 1.2.3　流计算

大数据分析中一种重要的数据类型——流数据，是指在时间分布和数量上无限的一系列动态数据集合体，数据的价值随着时间的流逝而降低，因此必须采用实时计算的方式给出秒级响应。流计算具有很强的实时性，需要对应用不断产生的流数据实时进行处理，使数据不积压、不丢失，经过实时分析处理，给出有价值的分析结果，常用于处理电信、电力等行业应用及互联网行业的访问日志等。Facebook 的 Scribe、Apache 的 Flume、Twitter 的 Storm、Yahoo 的 S4、UCBerkeley 的 Spark Streaming 是常用的流计算系统。

Scribe：Scribe 是由 Facebook 开发的开源系统，用于从海量服务器实时收集日志信息，对日志信息进行实时的统计分析处理，应用在 Facebook 内部。

Flume：Flume 由 Cloudera 公司开发，其功能与 Scribe 相似，主要用于实时收集在海量节点上产生的日志信息，存储到类似于 HDFS 的网络文件系统中，并根据用户的需求进行相应的数据分析。

Storm：基于拓扑的分布式流数据实时计算系统，由 BackType 公司（后被 Twitter 收购）开发，现已经开放源代码，并应用于淘宝、百度、支付宝、Groupon、Facebook 等平台，是主要的流数据计算平台之一。

S4：全称是 Simple Scalable Streaming System，是由 Yahoo 开发的通用、分布式、可扩展、部分容错、具备可插拔功能的平台。其设计目的是根据用户的搜索内容计算得到相应的推荐广告，现已经开源，是重要的大数据计算平台。

Spark Streaming：构建在 Spark 上的流数据处理框架，将流式计算分解成一系列短小的批处理任务进行处理。网站流量统计是 Spark Streaming 的一种典型的使用场景，这种应用既需要具有实时性，还需要进行聚合、去重、连接等统计计算操作。如果使用 Hadoop MapReduce 框架，则可以很容易地实现统计需求，但无法保证实时性。如果使用 Storm 这种流式框架，则可以保证实时性，但实现难度较大。Spark Streaming 可以以准实时的方式方便地实现复杂的统计需求。

### 1.2.4　迭代计算

针对 MapReduce 不支持迭代计算的缺陷，人们对 Hadoop 的 MapReduce 进行了大量改进，HaLoop、iMapReduce、Twister、Spark 是典型的迭代计算系统。

HaLoop：是 Hadoop MapReduce 框架的修改版本，用于支持迭代、递归类型的数据分析任务，如 PageRank、K-Means 等。

iMapReduce：一种基于 MapReduce 的迭代模型，实现了 MapReduce 的异步迭代。

Twister：基于 Java 的迭代 MapReduce 模型，上一轮 Reduce 的结果会直接传送到下一轮的 Map。

Spark：一种与 Hadoop 相似的开源集群计算环境，但 Spark 启用了内存分布数据集，除了能够提供交互式查询外，它还可以优化迭代工作负载。

## 1.2.5 图计算

社交网络、网页链接等包含具有复杂关系的图数据，这些图数据的规模巨大，可包含数十亿顶点和上百亿条边，图数据需要由专门的系统进行存储和计算。常用的图计算系统有 Google 公司的 Pregel、Pregel 的开源版本 Giraph、微软的 Trinity、Berkeley AMPLab 的 GraphX，以及高速图数据处理系统 PowerGraph。

Pregel：是由谷歌公司开发的一种基于 BSP(Bulk Synchronous Parallel) 模型实现的并行图处理系统，采用迭代的计算模型。为了解决大型图的分布式计算问题，Pregel 搭建了一套可扩展的、有容错机制的平台，该平台提供了一套非常灵活的 API，可以描述各种各样的图计算。在谷歌的数据计算任务中，大约 80% 的任务处理采用 MapReduce 模式，如网页内容索引；图数据的计算任务约占 20%，采用 Pregel 进行处理。

Giraph：是一个迭代的图计算系统，最早由雅虎公司借鉴 Pregel 系统开发，后捐赠给 Apache 软件基金会，成为开源的图计算系统。Giraph 是基于 Hadoop 建立的，此外，Apache Giraph 开源项目已被 Facebook 广泛应用在搜索服务中，同时还对 Giraph 做了大量功能性改进和扩展，目前基于 Giraph 开发的平台稳定且易使用。

Trinity：是微软公司开发的图数据库系统，该系统基于内存的数据存储与运算系统，源代码不公开。

GraphX：是由 AMPLab 开发的运行在数据并行的 Spark 平台上的图数据计算系统。

PowerGraph：是高速图数据处理系统，常用于广告推荐计算和自然语言处理。

### 1.2.6 内存计算

随着内存价格的不断下降和服务器可配置内存容量的不断增长，使用内存计算完成高速的大数据处理已成为大数据处理的重要发展方向。目前，常用的内存计算系统有分布式内存计算系统 Spark、全内存式分布式数据库系统 HANA、谷歌的可扩展交互式查询系统 Dremel。

Spark：是一种基于内存计算的开源集群计算系统，启用了内存分布数据集，由 Scala 语言实现并将其作为应用程序框架。

HANA：是 SAP 公司开发的基于内存技术、面向企业的分析性产品。

Dremel：是谷歌的交互式数据分析系统，可以在数以千计的服务器组成的集群上发起计算，处理 PB 级的数据。Dremel 是 Google MapReduce 的补充，大大缩短了数据的处理时间，成功地应用在谷歌的 BigQuery 中。

## 1.3 大数据执行方式

数据可视化已经被证明是展示数据分析结果，向人类大脑传送信息最快捷、最有效的方式。然而，每个人处理信息的方式都不尽相同，大多数人最容易理解的数据可视化的常用方式，包括饼图、条形图、折线图、累积折线图、散点图和其他数据表示方法，这些方法在大数据出现之前已经使用很久。

最常见的方法是传统的电子表格，几乎不含任何艺术元素。

新型可视化效果包含几种类型：交互式可视化效果可以让用户在悬停鼠标或点击不同区域时，看到更精细的数据；3D 可视化效果可以令图像向不同角度旋转并放大图片以展示更深层次的信息子集；词云通过词汇大小突出表达的思想、观念或主题；另外还包括其他类型的创意图像。

图 1-1 是一幅现实增强 (Augmented Reality) 图像。想象一下平时使用的手机、平板电脑或可穿戴设备被标注更多维信息，可带来更简单明了的视觉感受。

图 1-1　现实增强 (Augmented Reality) 图像

　　图 1-2 是微软的 HoloLens 提供的一种基于全息表示技术的新体验。这个类似遮阳的面罩可以在用户的物理环境中投射全息图。用户既可以放置全息对象，也可以与之互动。HoloLens 的主要创新是它不会让用户感受到脱离了现实和环境，而是将全息对象嵌入到他们周围的世界中。该装置的操作方式非常有趣，用户通过自然外观的界面进行交互——使用凝视、声音和手势。因此，HoloLens 配备了非常高的计算能力，它具有多个传感器、扬声器以及高性能的全息处理单元。它的球形面罩能知道用户在哪里，它能识别语音指令，并能在空间上描绘周围的环境。微软 HoloLens 自给自足的全息图再现了一个不断增强的现实——将用户带入新领域的现实。

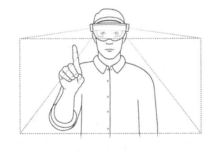

凝视手势声音

图 1-2　微软的 HoloLens 提供的新体验——全息图

　　传统的可视化效果和新型可视化效果要么过于简单，要么复杂得令人难以置信，大多数不好不坏，处在中间位置。可视化的功能是快速传递有意义的信息。评价可视化传播有效的标准不是其美学价值，而是如何又快又准地传递信息。

　　"构建可视化效果，最好简单易懂，符合管理层的口味"，德勤咨询 (Deloitte Consulting) 公司董事约翰·勒克 (John Lucker) 在电话采访中说，"需要与管理层互动，向他们展示不同的可视化效果，了解他们的反应，看看哪种形式最适合他们。做好经常失败的准备，快速学习，特别是学习可视化效果的发展"。

总之，一个人眼中优秀的可视化产品往往是另一个人的噩梦。一部分管理层会继续使用电子表格或较为熟悉的饼图和条形图，另一部分则倾向于可视化效果，不仅容易传达信息，还为同一信息提供多角度呈现，使信息更加直观、细微、深入。

无论如何，找出每个高管学习、评估和获取信息的最佳方式势在必行，然后专门制定不同的可视化方案。

但结果不尽如人意，常见的错误是开发"一套适合所有人使用的可视化效果"与管理层分享。鉴于当今可视化工具价格便宜，使用方便，输出相同的数据可以获得各类可视化效果，根本没有必要规范或批量生产。

让可视化个性化很有必要，这项工作花不了太多时间，但对改善与管理层的沟通非常有用。

"可自行决定使用某种可视化形式，但无论哪一种，在报表中要保持前后一致"，约翰·勒克建议道。"一致性使可视化更易于理解，便于效仿，阅读者不需要先弄清楚每个新的可视化效果再获取信息。在报表中频繁地更改可视化方式会造成用户操作的疲惫感"。

图 1-3 和图 1-4 展示了更多今天可用的新型可视化类型的示例。

**图 1-3　显示的增强现实场景可能会在各种各样的便携式计算设备上运行**

图 1-3 描述了智能手机正指向一个在巴黎埃菲尔铁塔附近的女人，利用增强现实应用程序中的云视觉识别，GPS 和指南针综合数据计算出她正在看什么，这使得相关信息被覆盖在智能手机的视频上，女人和建筑物都自动贴上了名字。如果智能手机用户想知道埃菲尔铁塔的更多信息，可以点击已经链接到建筑物上的圆形信息图标，如果想了解女人更多的相关信息，可以点击她头部的推特、脸书或信息图标。正如这个简单的场所说明的，增强现实使现实世界中的人和物变得可以点击查询。

图 1-4 所示的华为数据中心 SDN 方案能实现可视化自动化运营，支持应用网络、逻辑网络、物理网络三层可视和资源映射，对各层资源量化直观监控和统计，同时针对不同的用户角色分配不同的使用权限，做到分层、分级可视。

同时 Agile Controller 还可实现精细化的网络运维，如端到端的业务路径可视化，可以打破虚拟网络运维黑盒，实现 VM 层面的转发路径可视，实现物理和虚拟网络统一运维。

通过真实业务包探测，识别 VM 到 VM 路径。当 VM 之间互访异常时，Agile Controller 在 Cloud Engine 交换机的配合下，实现 VM 到 VM 的路径检测；通过采集路径相关节点的时延丢包等数据，Agile Controller 可自动识别故障设备，实现快速的网络故障定位，极大提升运维效率。

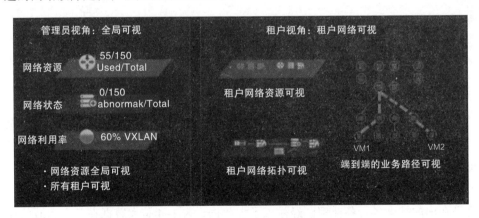

图 1-4 华为数据中心 SDN 方案实现网络层可视，精细化运维

然而，传统的电子表格功能也日渐强大，能够更灵活地提供数据可视化。图 1-5 展示了微软在 Excel 的官方博客中解释了 GeoFlow 的工作方式。以德州达拉斯居民家庭能源使用数据为例，GeoFlow 先将这些用户的位置在地图上标记出来，而 Excel 则会将这些家庭的房屋面积和市价用三维图像显示出来。

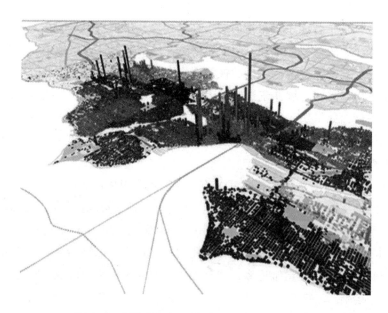

图 1-5　微软在 Excel 的 GeoFlow 的工作方式

随着时间的变化，这个"地图"也会实时改变。用户若想将数据分享给他人，只需在 GeoFlow 中截取"画面"，然后创建一个"场景导游"，最后导出就可以了。

## 1.4　大数据应用领域

大数据无处不在,并已融入社会各行各业，其在各个领域的应用也是相当广泛。本节主要介绍大数据在各个领域应用的基本情况，其中包括电信行业、金融行业、餐饮行业等，并重点介绍了高能物理、推荐系统、搜索引擎系统和百度迁徙方面的应用。

大数据无所不包，电信、金融、餐饮、零售、政务、医疗、能源、娱乐、教育等在内的社会各行各业都已经融入了大数据，表 1-4 是大数据在各个领域的应用情况。

了解了大数据在各个领域运用的基本情况，下面再举几个大数据典型应用的示例，让读者能更加清楚大数据在各行各业发挥的作用，以及确切知道大数据与人们的日常生活是息息相关的。

表1-4　大数据在各个领域的应用一览

| 领　域 | 大数据的应用 |
|---|---|
| 电信行业 | 利用大数据技术实现客户离网分析，及时掌握客户离网倾向，出台客户挽留措施 |
| 金融行业 | 大数据在高频交易、社交情绪分析和信贷风险分析三大金融创新领域发挥重要作用 |
| 餐饮行业 | 利用大数据实现餐饮 O2O 模式，彻底改变传统餐饮经营方式 |
| 城市管理 | 可以利用大数据实现智能交通、环保监测、城市规划和智能安防 |
| 生物医学 | 大数据可以帮助人们实现流行病预测、智慧医疗、健康管理，同时还可以帮助人们解读 DNA，了解更多的生命奥秘 |
| 能源行业 | 随着智能电网的发展，电力公司可以掌握海量的用户用电信息，利用大数据技术分析用户用电模式，可以改进电网运行，合理地设计电力需求响应系统，确保电网运行安全 |
| 教育和娱乐 | 大数据可以帮助教学和实训，决定投拍哪种题材的影视作品，以及预测比赛结果 |
| 互联网行业 | 借助大数据技术，可以分析客户行为，进行商品推荐和有针对性的广告投放 |
| 物流行业 | 利用大数据优化物流网络，提高物流效率，降低物流成本 |
| 安全领域 | 政府可以利用大数据技术构建起强大的国家安全保障体系，企业可以利用大数据抵御网络攻击，警察可以借助大数据来预防犯罪 |
| 个人生活 | 大数据还可以应用于个人生活，利用与每个人相关联的"个人数据"，分析个人生活行为习惯，为其提供更加周到的个性化服务 |

## 1.4.1 大数据在高能物理中的应用

高能物理学科一直是推动计算技术发展的主要学科之一，万维网技术的出现就是来源于高能物理对数据交换的需求。高能物理是一个需要面对大数据的学科，高能物理科学家往往需要从大量的数据中去发现一些小概率的粒子事件，这跟大海捞针一样。目前，世界上最大的高能物理实验装置是在日内瓦欧洲核子中心（CERN）的大型强子对撞机（Large Hadron Collider，LHC），如图 1-6 所示，其主要物理目标是寻找希格斯（Higgs）粒子。高能物理中的数据处理较为典型的是采用离线处理方式，由探测器组负责在实验时获取数据，现在最新的 LHC 实验每年采集的数据达到 15PB。高能物理中的数据特点是海量且没有关联性，为了从海量数据中甄别出有用的事件，可以利用并行计算技术对各个数据文件进行较为独立的分析处理。中国科学院高能物理研究所的第三代探测器 BES Ⅲ 产生的数据规模已达到 10PB 量级，在大数据条件下，计算、存储、网络一直考验着高能物理研究所的数据中心系统。在实际数据处理时，BES Ⅲ 数据分析甚至需要通过网格系统调用俄罗斯、美国、德国及国内的其他数据中心来协同完成任务。

图 1-6　大型强子对撞机（LHC）

## 1.4.2. 推荐系统

推荐系统可以利用电子商务网站向客户提供商品信息和建议，帮助用户决定应该购买什么东西，模拟销售人员帮助客户完成购买过程。我们经常在上网时看见网页某个位置出现一些商品推荐或者系统弹出一个商品信息，而且这些商品可能正是我们自己感兴趣或者正希望购买的商品，这就是推荐系统在发挥作用。目前，推荐系统已变得无处不在，如商品推荐、新闻推荐、视频推荐，推荐方式包括网页式推荐、邮件推荐、弹出式推荐。例如，用户在当当网查找关于云计算和大数据相关的书籍时，系统会根据用户近期搜索的关键词列出人气指数排行较高的书供用户参考选择，如图 1-7 所示。

图 1-7　当当网书籍推荐页面

推荐过程的实现完全依赖于大数据，在进行网络访问时，访问行为被各网站所记录并建立模型，有的算法还需要与大量其他人的信息进行融合分析，从而得出每一个用户的行为模型，将这一模型与数据库中的产品进行匹配，从而完成推荐过程。为了实现这一推荐过程，需要存储大量客户的访问信息，对于用户量巨大的电子商务网站，这些信息的数据量是非常庞大的。推荐系统是大数据非常典型的应用，只有基于对大量数据的分析，推荐系统才能准确地获得用户的兴趣点。一些推荐系统甚至会结合用户社会网络来实现推荐，这就需要对更大的数据集进行分析，从而挖掘出数据之间广泛的关联性。推荐系统使大量看似无用的用户访问信息产生了巨大的商业价值，这就是大数据的魅力。

## 1.4.3. 搜索引擎系统

搜索引擎是大家最为熟悉的大数据系统，成立于 1998 年的谷歌和成立于 2000 年的百度在简洁的用户界面下隐藏着世界上最大规模的大数据系统。搜索引擎是简单与复杂的完美结合，目前最为常用的开源系统 Hadoop 就是按照谷歌的系统架构设计的。图 1-8 为百度搜索页面。

图 1-8　百度搜索引擎

为了有效地完成互联网上数量巨大的信息的收集、分类和处理工作，搜索引擎系统大多是基于集群架构的。中国出现较早的搜索引擎还有北大天网搜索，天网搜索在早期是由几百台 PC 搭建的机群构建的，这一思路也被谷歌所采用，谷歌由于早期搜索利润的微薄只能利用廉价服务器来实现。每一次搜索请求可能都会有大量的服务响应，搜索引擎是一个典型而成熟的大数据系统，它的发展历程为大数据研究积累了宝贵的经验。2003 年，在北京大学召开了第一届全国搜索引擎和网上信息挖掘学术研讨，大大推动了搜索引擎在国内的技术发展。搜索引擎与数据挖掘技术的结合预示着大数据时代的逐步到来，从某种意义上可以将这次会议作为中国在大数据领域的第一次重要学术会议。

### 1.4.4. 百度迁徙

"百度迁徙"项目是 2014 年百度利用其位置服务（Location Based Service,LBS）所获得的数据，将人们在春节期间位置移动情况用可视化的方法显示在屏幕上。这些位置信息来自于百度地图的 LBS 开放平台，通过安装在大量移动终端上的应用程序获取用户位置信息，这些数以亿计的信息通过大数据处理系统的处理可以反映全国总体的迁移情况，通过数据可视化，为春运时人们了解春运情况和决策管理机构进行管理决策提供了第一手的信息支持。这一大数据系统所提供的服务为今后政府部门的科学决策和社会科学的研究提供了新的技术手段，也是大数据进入人们生活的一个案例。

## 1.5　大数据发展及面临的挑战

"大数据时代"悄然崛起，掀起了"第三次信息化浪潮"，大数据技术的研究和产业发展已快速上升为国家战略，人们必须做好时刻迎接大数据和接受挑战的准备。本节主要介绍了大数据的发展历程，大数据发展现状，大数据与云计算、物联网三者之间的关系，以及在应用大数据过程中会遇到的难题。

### 1.5.1　大数据的发展历程

1. 以年代来划分

以年代或技术里程碑来划分，大数据的发展历程经历了 3 个重要阶段，即萌芽期、成熟期和大规模应用期，如表1-5所示。

表1-5 以年代来划分：大数据发展经历的3个阶段

| 阶 段 | 时 间 | 内 容 |
|---|---|---|
| 第一阶段：萌芽期 | 20世纪90年代到21世纪初 | 随着数据挖掘理论和数据库技术的逐步成熟，一批商业智能工具和知识管理技术开始被应用，如数据仓库、专家系统、知识管理系统等 |
| 第二阶段：成熟期 | 21世纪前十年 | Web2.0应用的快速发展，产生了大量半结构化和非结构化数据，传统处理方法已难应付，带动了大数据技术的快速突破，大数据解决方案逐渐走向成熟，形成了并行计算与分布式系统两大核心技术，谷歌的GFS和MapReduce等大数据技术受到追捧，Hadoop平台开始大行其道 |
| 第三阶段：大规模应用期 | 2010年以后 | 大数据应用渗透到各行各业，数据驱动决策，信息社会智能化程度大幅提高 |

2.以数据量的大小来划分

由于大数据的发展历程是和有效存储管理日益增大的数据集的能力紧密联系在一起的，因而每一次处理能力的提高都伴随着新数据库技术的发展，如表1-6所示，是以数据大小来划分的。

表1-6 以数据大小来划分：大数据发展经历的4个阶段

| 阶 段 | 时 间 | 内 容 |
|---|---|---|
| 第一阶段：MB ~ GB | 20世纪70年代到80年代 | 商业数据从MB达到GB量级是最早点燃挑战"大数据"的信号，迫切需求存储数据并运行关系型数据查询以完成商业数据的分析和报告，产生了数据库计算机和可以运行在通用计算机上的数据库软件系统 |
| 第二阶段：GB ~ TB | 20世纪80年代末期 | 单个计算机系统的存储和处理能力受限，提出了数据并行化技术思想，实现了内存共享数据库、磁盘共享数据库和无共享数据库，这些技术及系统成为后来使用分治法并行化数据存储的先驱 |

续 表

| 阶 段 | 时 间 | 内 容 |
|---|---|---|
| 第三阶段：<br>TB ~ PB | 20 世纪 90 年代末期至今 | 进入互联网时代，PB 级的半结构化和非结构化的网页数据迅速增长，虽然并行数据库能够较好地处理结构化数据，但是对于处理半结构或非结构化数据几乎没有提供任何支持且处理能力也仅几个 TB。为了应对 Web 规模的数据管理和分析挑战，谷歌提出了 GFS 和 MapReduce 编程模型，运行 GFS 和 MapReduce 的系统能够向上和向外扩展，能处理无限的数据。在此阶段，出现了著名的"第四范式"、Hadoop、Spark、NoSQL 等新兴技术 |
| 第四阶段：<br>PB ~ EB | 不久的将来 | 大公司存储和分析的数据将在不久后从 PB 达到 EB 量级，然而现有的技术只能处理 PB 量级的数据，目前几乎所有重要的产业界公司，如 EMC、Oracle、Microsoft、Google、Amazon 和 Facebook 等都开始启动各自的大数据项目。但迄今为止，仍没有出现革命性的新技术能够处理更大的数据集 |

### 1.5.2 大数据的发展现状

随着大数据的快速发展，大数据成为信息时代的一大新兴产业，并引起了国内外政府、学术界和产业界的高度关注。

早在 2009 年，联合国就启动了"全球脉动计划"，拟通过大数据推动落后地区的发展，2012 年 1 月的世界经济论坛年会也把"大数据、大影响"作为重要议题之一。在美国，从 2009 年至今，美国政府数据库（Data.gov）全面开放了大量政府原始数据集，大数据已成为美国国家创新战略、国家安全战略及国家信息网络安全战略的交叉领域和核心领域。2012 年 3 月，美国政府提出"大数据研究和发展倡议"，发起全球开放政府数据运动，并投资 2 亿美元促进大数据核心技术研究和应用，涉及 NSF、DARPA 等 6 个政府部门和机构，把大数据放在重要的战略位置。英国政府也将大数据作为重点发展的科技领域，在发展 8 类高新技术的 6 亿英镑投资中，大数据的注资占三成。2014 年 7 月，欧盟委员会也呼吁各成员国积极发展大数据，迎接大数据时代，并采取具体措施发展大数据业务。例如，建立大数据领域的公私合作关系；依托"地平线 2020"科研规划，创建开放式数据孵化器；成立多个超级计算中心；在成员国创建数据处理设施网络。

在中国，政府、学术界和产业界对大数据的研究和应用也相当重视，纷纷启动了相应的研究计划。在 2012 年，科技部"十二五"规划除了部署关于物联网、云计算的相关专项外，还专门发布了《"十二五"国家科技计划信息技术领域

2013 年度备选项目征集指南》，其中的"先进计算"板块明确提出"面向大数据的先进存储结构及关键技术"，并制订了面向大数据的研究计划和专项基金，如国家"973 计划""863 计划"及国家自然科学基金等。

欧美等发达国家对大数据的探索和发展已走在世界前列，我国也已开始了相关研究，除了政府组织外，国内还有不少知名企业或组织也成立了大数据产品团队和实验室，力争在大数据产业竞争中占据领先地位。目前，各国政府都纷纷将大数据发展提升至战略高度，大力促进大数据产业健康平稳快速发展。

### 1.5.3 大数据与云计算、物联网的关系

大数据、云计算和物联网代表了 IT 领域最新的技术发展趋势，三者相辅相成，既有联系又有区别。云计算最初主要包含两类含义：一类是以谷歌的 GFS 和 MapReduce 为代表的大规模分布式并行计算技术；另一类是以亚马逊的虚拟机和对象存储为代表的"按需租用"的商业模式。但是，随着大数据概念的提出，云计算中的分布式计算技术开始更多地被列入大数据技术，而人们提到云计算时，更多指的是底层基础 IT 资源的整合优化，以及以服务的方式提供 IT 资源的商业模式，如 IaaS、PaaS、SaaS。从云计算和大数据概念的诞生到现在，二者之间的关系非常微妙，既密不可分，又千差万别。因此，不能把云计算和大数据割裂开来作为截然不同的两类技术看待。此外，物联网也是和云计算、大数据相伴相生的技术，图 1-9 描述了这三者之间的联系与区别。

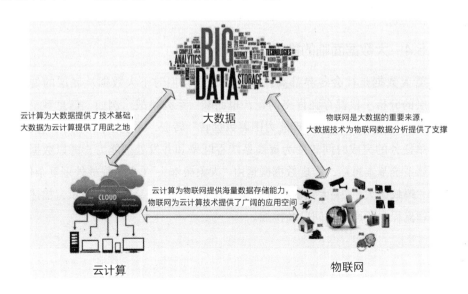

图 1-9　大数据、云计算和物联网三者之间的关系

1. 大数据、云计算和物联网的联系

从整体上看，大数据、云计算和物联网这三者是相辅相成的。大数据根植于云计算，大数据分析的很多技术都来源于云计算，云计算的分布式数据存储和管理系统（包括分布式文件系统和分布式数据库系统）提供了海量数据的存储和管理能力，分布式并行处理框架 MapReduce 提供了海量数据分析能力，没有这些云计算技术的支撑，大数据分析就无从谈起。反之，大数据为云计算提供了"用武之地"，没有大数据这个"练兵场"，云计算技术就算再先进，也不能很好地发挥出它的应用价值。物联网的传感器源源不断产生的大量数据，构成了大数据的重要数据来源，没有物联网的飞速发展，就不会带来数据产生方式的变革，即由数据人工生产阶段转向数据自动化产生阶段。物联网还需要借助云计算和大数据技术，实现物联网大数据的存储、分析和处理。三者的有机结合，标志着"大数据时代"的到来。

2. 大数据、云计算和物联网的区别

大数据侧重于对海量数据的存储、处理与分析，从海量数据中发现价值，服务于生产和生活；云计算本质上旨在整合和优化各种 IT 资源并通过网络，以服务的方式，廉价地提供给用户；物联网的发展目标是实现物物相连，应用创新是物联网发展的核心。

大数据、云计算和物联网三者已经彼此渗透、相互融合，在很多应用场合都可以同时看到三者的身影。在未来，三者仍会继续相互促进、相互影响，更好地服务于社会生产和生活的各个领域。

### 1.5.4 大数据面临的挑战

尽管大数据是社会各界都高度关注的话题，但时下大数据从底层的处理系统到高层的分析手段都存在许多问题，也面临一系列挑战。例如，信息系统正由"数据围着处理器转"向"处理能力围着数据转"转变，系统结构设计的出发点要从重视单任务的完成时间转变为提高系统吞吐率和并发处理能力，即以数据为中心的计算系统基本思路，实现数据搬运由"大象搬木头"（少量强核处理复杂任务）转变为"蚂蚁搬大米"（大量弱核处理简单任务）的过程。表 1-7 所示，描述了大数据处理流程中所面临的问题及挑战。

表1-7 大数据处理流程所面临的挑战

| 研究的主题 | 面临的挑战 |
|---|---|
| 大数据预处理及集成 | 广泛的异构性、时空特性、数据质量 |
| 大数据分析 | 先有数据后有模式、动态增长、先验知识的缺乏、实时性 |
| 大数据硬件处理平台 | 硬件异构性、新硬件 |
| 性能测试基准 | 系统复杂性高、案例多样性、数据规模庞大、系统的快速演变 |
| 隐私保护 | 隐性数据的暴露、数据公开与保护、数据动态性 |
| 大数据管理的易用性 | 可视化、人机交互、数据起源技术、海量元数据的高效管理 |
| 大数据的能耗 | 低功耗、新能源 |

这些问题及挑战，有的是由大数据自身的特征导致的，有的是故由当前大数据分析模型与方法引起的，也有的是由大数据处理系统所隐含的。

1. 数据复杂性带来的挑战

大数据的涌现使人们处理计算问题时获得了前所未有的大规模样本，但同时也不得不面对更加复杂的数据对象，典型的特性是类型和模式多样、关联关系繁杂、质量良莠不齐。大数据内在的复杂性（包括类型复杂性、结构复杂性和模式复杂性）使数据的感知、表达、理解和计算等多个环节面临着巨大的挑战，导致了传统全量数据计算模式下时空维度上计算复杂度的激增，传统的数据分析与挖掘任务，如检索、主题发现、语义和情感分析等变得异常困难。然而，目前人们对大数据复杂性的内在机理及其背后的物理意义缺乏理解，对大数据的分布与协作关联等规律认识不足，对大数据的复杂性和计算复杂性的内在联系缺乏深刻理解，缺少面向领域的大数据处理知识，这些极大地制约了人们对大数据高效计算模型和方法的设计能力。

2. 计算复杂性带来的挑战

大数据多源异构、规模巨大、快速多变等特性使传统的机器学习、信息检索、数据挖掘等计算方法不能有效地支持大数据的处理、分析和计算。特别是大数据计算不能像小样本数据集那样依赖于对全局数据的统计分析和迭代计算，需要突破传统计算对数据的"独立同分布"和"采样充分性"的假设。在求解大数据的问题时，需要重新审视和研究它的可计算性、计算复杂性和求解算法。因此，研究面向大数据的新型高效计算范式，改变人们对数据计算的本质看法，提供处理和分析大数据的基本方法，支持价值驱动的特定领域应用，是大数据计算的核心问题。而大数据样本量充分，内在关联密切而复杂，价值密度分布极不均衡，这些特征对研究大数据的可计算性及建立新型计算范式提供了机遇，同时也提出了挑战。

3. 系统复杂性带来的挑战

针对不同数据类型与应用的大数据处理系统是支持大数据科学研究的基础平台。对于规模巨大、结构复杂、价值稀疏的大数据，其处理也面临计算复杂度高、任务周期长、实时性要求强等难题。大数据及其处理的这些难点不仅对大数据处理系统的系统架构、计算框架、处理方法提出了新的挑战，更对大数据处理系统的运行效率及单位能耗提出了苛刻的要求，大数据处理系统必须具有高效能的特点。对于以高效能为目标的大数据处理系统的系统架构设计、计算框架设计、处理方法设计和测试基准设计研究，其基础是大数据处理系统的效能评价与优化问题研究。这些问题的解决可奠定大数据处理系统设计、实现、测试与优化的基本准则，是构建能效优化的分布式存储和处理的硬件及软件系统架构的重要依据和基础，因而这些问题是大数据分析处理必须解决的关键问题。

# 第2章 处理大数据技术

## 2.1 Hadoop MapReduce 短作业执行性能

### 2.1.1 研究背景

Google 在 2014 年提出的 MapReduce 并行计算框架是一种重要且广为使用的大数据处理解决方案。MapReduce 通过 Map 和 Reduce 两个简单的编程接口为用户屏蔽了很多底层的并行化处理细节，从而显著简化了数据密集型应用的开发难度。此外，MapReduce 框架还提供了很多其他重要特性，包括负载均衡、弹性可扩展以及系统容错性等，使 MapReduce 成为一种易于维护和使用的并行计算框架。Hadoop 作为 MapReduce 的一种开源实现，在工业界和学术界被广泛使用和研究。

Google 内部的 MapReduce 和开源的 Hadoop MapReduce 设计之初的重点都是为了解决离线批量大数据处理问题。因此，MapReduce 并行计算框架在系统特性设计权衡方面更多地追求系统的高吞吐率、弹性可扩展以及较好的容错性，而不是作业执行效率。这导致 Hadoop MapReduce 执行作业的响应性能比较低下，尤其在处理短作业时延迟率比较高。

短作业（Short Job) 目前还没有一个绝对的量化定义。通常情况下，相比于运行耗时长达几个小时的 MapReduce 作业，执行时间只有几十秒至几分钟级别的 MapReduce 作业可以称为短作业。Facebook 在其发布的优化版 Hadoop 系统 Corona 中将这种执行时间较短的 MapReduce 作业称为小作业 (Small Job)。

一些研究和调查显示，在实际生产环境中，MapReduce 短作业的数量占系统所有提交作业的比例很大。例如，Google 公布的一份 2007 年 9 月份的统计数据显示，其当月所有提交的 MapReduce 作业的平均执行时间仅为 395 秒。因此，提升 MapReduce 短作业的执行效率具有很大的实际应用意义。还有研究显示，优化 MapReduce 的执行流程可以减少作业长时间占用系统资源的现象，这对集群的健康状况大有裨益。

另外，有一系列的大数据查询分析系统都构建于 MapReduce 平台之上，如 Google 的 Sawzall、Facebook 的 Hive 以及 Yahoo 的 Pig。这些系统给用户提供的接口是高层的声明式的语言，无须用户根据不同的查询需求编写复杂的 MapReduce 程序，从而可以极大降低用户使用 MapReduce 平台的难度。在实际环境中，这些大数据查询分析系统往往比手写的 MapReduce 程序更为重要。例如，Facebook 有超过 95% 的 MapReduce 作业都是通过 Hive 查询语句生成的，Yahoo 有超过 90% 的 MapReduce 作业是通过 Pig 生成的。系统将用户的类 SQL 查询请求转化为一系列 MapReduce 作业进行执行，这些作业的执行时间通常也很短。因此，提高 MapReduce 作业尤其是短作业的执行效率，对于这些被广泛使用的大数据查询分析系统来说非常重要。

基于上述分析，本节将重点研究提升 Hadoop MapReduce 短作业的执行性能。在对 Hadoop MapReduce 框架进行整体分析后，本节深入剖析了完整的 MapReduce 作业和任务的内部执行流程与相关机制。通过深入分析，本节揭示了 Hadoop MapReduce 框架中存在的两个严重制约短作业执行性能的问题。

为了解决短作业执行性能的问题，本节设计并实现了一个与标准版本的 Hadoop MapReduce 完全兼容的优化版本的计算系统，称为 SHadoop。

与利用优化调度算法或作业配置参数提升性能的相关工作不同，SHadoop 对 MapReduce 作业的性能优化是在系统中作业与任务的内在执行机制层面展开的。

首先，SHadoop 优化了 MapReduce 作业中的两个特殊任务，即 Setup 和 Cleanup 任务，以减少作业在初始化和结尾阶段的耗时；其次，SHadoop 在标准版本的 Hadoop 中增加了一种即时消息传递机制，可以在 JobTracker 和 TaskTracker 之间高效传递对作业性能影响敏感的系统消息。通过这种机制，一个 MapReduce 作业内部的任务可以被快速调度执行。这使整个作业的执行流程更加紧凑，从而提升了 TaskTracker 上任务槽的使用率。

广泛的基准测试实验结果表明，本节设计实现的 SHadoop 系统的短作业执行性能比标准的 Hadoop 系统平均提高 25%。此外，本节研究实现的优化工作经过了 Intel 内部产品级的测试并被集成到 IntelHadoop 发行版中，这一优化工作可以兼容于现有的 Hadoop 作业调度过程，从而进一步提升 Hadoop 集群的作业执行效率。

## 2.1.2　Hadoop 作业调度和执行流程分析

首先简介 Hadoop MapReduce 框架，然后通过阅读分析 Hadoop MapReduce 源代码以及相关文档，深入分析 Hadoop MapReduce 作业及其任务的运行流程以及内部执行机制。

Hadoop MapReduce 计算框架构建在分布式文件系统 HDFS 之上，包含一个运行在主节点上的 JobTracker 进程以及多个运行在从节点上的 TaskTracker 进程。"作业 (Job)" 和 "任务 (Task)" 是 MapReduce 框架中两个重要的概念。通常情况下，一个 MapReduce 作业包含一组独立的任务。作为 MapReduce 框架中的核心部件，JobTracker 负责监控和调度一个 MapReduce 作业中的所有任务。而 MapReduce 任务则被分配给 TaskTracker 进行执行，其中的执行逻辑由用户编写的 Map 和 Reduce 函数决定。

当 MapReduce 框架接收到一个作业后，JobTracker 首先将作业的输入数据切分为多个独立的数据分片（Split）。然后，每个数据分片都被分配给一个 Map 任务进行处理。数据分片的分配方式是按照数据本地化策略，优先选择与数据分片处于同一台机器上的 TaskTracker 进行处理。多个 Map 任务可以同时在一个 TaskTracker 上执行，其输出会被 MapReduce 框架排序并通过 shuffle 机制被后续的 Reduce 任务拉取进行后续处理。在整个作业执行过程中，JobTracker 负责监控每个作业的执行状态、失效任务的重新分配，以及更新作业执行状态的变化。

为了更好地阐述后面的优化工作，这里首先介绍 MapReduce 作业执行状态的转变过程，然后分析 MapReduce 任务的执行流程。

一个 MapReduce 作业的状态转变如图 2-1 所示。总的来说，MapReduce 作业的整个执行流程可以按时序分为 PREPARE、RUNNING 和 FINISHED 三个阶段。若一个作业提交到 Hadoop MapReduce 集群，则后续的执行流程具体如下。

（1）PREPARE 阶段：一个作业从 START 状态开始执行，首先会进入 PREPARE. INITIALIZING 状态并完成一些初始化工作，包括从 HDFS 中读取输入数据的分片信息并生成对应数目的 Map 和 Reduce 任务。然后，一个名为 Setup Task 的特殊任务将被调度给一个 TaskTracker 执行，以设置整个作业的执行环境。此时，该作业执行状态成为 PREPARE.SETUP。当该 Setup Task 成功执行结束后，整个作业就会进入 RUNNING 阶段。

（2）RUNNING 阶段：作业从 RUNNING.WAIT_TO_RUN 状态开始，其任务等待着被 MapReduce 框架调度执行。当作业中有一个任务被调度到 TaskTracker 执行时，整个作业的状态将切换到 RUNNING.RUNNING_TASKS。在该状态中，所有的 Map 和 Reduce 任务都将被陆续调度到 TaskTracker 上执行。一旦所有的 Map 和 Reduce 任务执行完成，整个作业将进入 RUNNING.SUC_WAIT 状态，RUNNING 阶段也达到尾声。

（3）FINISHED 阶段：在这个阶段，另一个名叫 Cleanup Task 的特殊任务将被调度给一个 TaskTracker 执行，以清理该 MapReduce 作业的运行环境。当这个 Cleanup Task 完成之后，该作业将达到 SUCCEEDED 状态，整个作业也就成功执行完成。

在 PREPARE 和 RUNNING 阶段中的任何一个状态，作业可以被用户终止，从而进入 KILLED 状态，或者由于某些操作执行一直失效，从而进入 FAILED 状态。

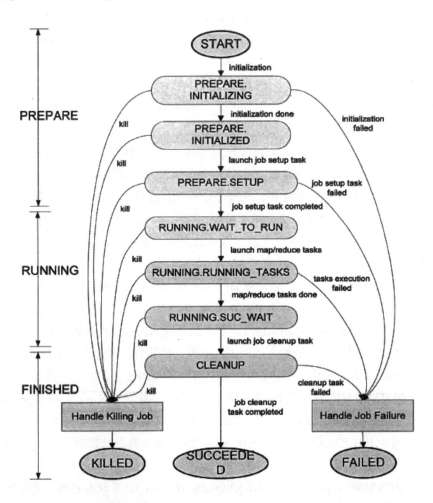

图 2-1　MapReduce 作业执行过程中的状态转换图

由图 2-1 可知，当一个作业被初始化后，该作业包含的 Map 和 Reduce 任务将被创建，并等待被调度到 TaskTracker 上执行。在图 2-2 中具体展示了一个任务从创建到执行完成的处理时序。

总的来说，MapReduce 作业调度和执行的整个处理流程可以分为 8 个步骤。

（1）当任务创建时，JobTracker 会为每个任务生成一个 TaskInProgress 实例。此时，任务尚处于 UNASSIGNED 状态。

（2）每个 TaskTracker 通过发送心跳信息向 JobTracker 申请执行任务。作为心跳回应信息，JobTracker 会为每个 TaskTracker 分配一个或多个任务。任务的调度分配是通过两轮心跳通信完成的，每轮心跳发送的时间间隔默认为 3 秒。

（3）在接收到一个任务后，TaskTracker 会进行如下操作：首先创建一个 TaskTracker.TaskInProgress 实例，再运行一个独立的 Child JVM 来执行该任务，然后 TaskTracker 将该任务的执行状态改成 RUNNING。

（4）每个 TaskTracker 将任务的状态信息汇报给 JobTracker，然后 JobTracker 将任务的状态更新为 RUNNING。这个过程需要通过另外一轮心跳通信完成。

（5）经过一段时间运行后，任务在 Child JVM 环境中执行完成。然后，TaskTracker 将该任务的状态改成 COMMIT_PENDING。任务在这个状态将等待来自 JobTracker 的允许，以提交（commit）该任务。

（6）本次任务状态的变化信息也将通过下一轮心跳通信传递到 JobTracker。作为回应，JobTracker 将自己维护的任务状态更新为 COMMIT_PENDING，并允许 TaskTracker 提交（commit）任务的结果。

（7）当接收到 JobTracker 的提交许可之后，TaskTracker 提交任务的执行结果，然后将任务的状态更新为 SUCCEED。

（8）此后，TaskTracker 通过下一轮心跳通信将任务状态变更为 SUCCEED 的消息发送至 JobTracker，JobTracker 也会将自己维护的任务状态信息标记为 SUCCEED。至此，一个任务的执行流程就结束了。

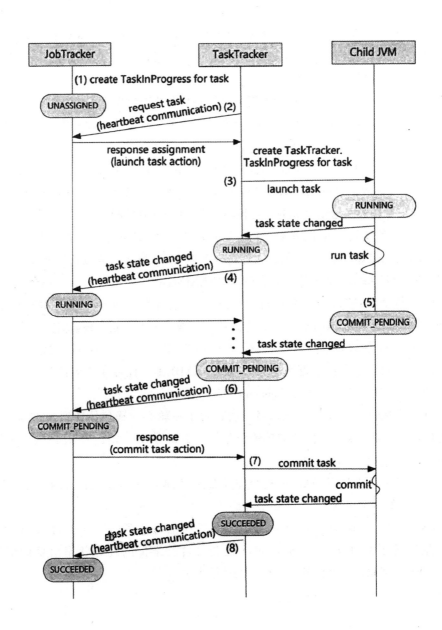

图 2-2　任务调度执行流程图

（垂直线代表时间轴，每个箭头线代表两个进程间的一次通信。Child JVM 和 TaskTracker 都在从节点上。JobTracker 中的 TaskInProgress, TaskTracker 中的 TaskTracker.TaskInProgress 是两个重要任务运行时的实例）

### 2.1.3  MapReduce 作业与任务的调度和执行机制优化

基于上述 MapReduce 作业与任务的调度和执行流程的分析，下面将首先揭示标准 Hadoop MapReduce 框架在执行短作业时会遇到的两个严重的性能瓶颈，然后提出解决这些性能瓶颈的优化方法。这些优化方法旨在减少单个 MapReduce 作业（尤其是短作业）的执行时间。优化方法采用的手段是通过优化作业与任务的内部调度和执行机制，以提升每个 TaskTracker 槽的硬件资源利用率，从而达到缩短作业调度和执行时间的目的。所谓槽（Slot) 是 MapReduce 中用于管理和分配计算资源的一个抽象单位。

1.MapReduce 作业的 Setup/Cleanup 任务优化

如图 2-1 所示，在 JobTracker 调度执行常规的 Map/Reduce 任务之前，一个 Setup Task 将先被调度并执行。这个 Setup Task 的处理流程具体如下。

（1）启动作业 Setup Task: 当作业初始化完成之后，JobTracker 需要等待一轮心跳通信的时间周期，以获知某个 TaskTracker 有空闲的 Map/Reduce 槽，并且该 TaskTracker 向 JobTracker 请求执行任务。当接到该心跳信息之后，JobTracker 将调度该 Setup Task 到这个 TaskTracker 上执行。

（2）作业 Setup Task 完成：对应的 TaskTracker 负责执行作业 Setup Task，并在执行过程中通过周期性的心跳通信向 JobTracker 汇报该任务的状态直至任务完成。

上述两个步骤通常需要两轮心跳通信的时间（至少 6 秒，Hadoop 默认的是 3 秒）。当作业中所有的 Map/Reduce 任务都成功执行之后，一个 Cleanup Task 需要被调度到 TaskTracker 上执行，以清理整个作业的执行环境。这需要另外两轮心跳通信，即 6 秒的时间。因此，Setup 和 Cleanup 两个任务总共耗时至少 12 秒。对于一个总体运行时间只有几分钟的短作业而言，这两个特殊任务的执行耗时占到整个作业执行耗时的 10% 甚至更多。如果减少这 4 轮心跳通信时间，则能很好地提升短作业的整体执行性能。

进一步分析标准 Hadoop MapReduce 中 Setup 和 Cleanup 任务的实现，发现 Setup 任务只是简单地在 HDFS 中创建一个供作业执行过程中输出临时数据的临时目录，而 Cleanup 任务唯一的工作就是在作业执行完成后删除该目录。事实上，这两个对 HDFS 元数据的操作都是轻量级且耗时极少的。

因此，提出的解决方法是直接将 Setup/Cleanup 任务快速地在 JobTracker 端执行，而不是通过来回发送心跳信息调度到 TaskTracker 端执行。这意味着，当 JobTracker 创建一个作业之后，Setup 任务会立即在 JobTracker 端执行。当所有的

Map/Reduce 任务执行完成之后，Cleanup 任务会随即在 JobTracker 端执行。

通过该优化，一个作业执行流程可以避免标准 Hadoop 系统中由于处理 Setup 和 Cleanup 任务而引入的 4 次心跳通信间隔等待。因为 Setup 和 Cleanup 任务的执行内容非常轻量级（新建和删除一个目录），且不管该作业有多少 Map/Reduce 任务，只需要执行一次 Setup 和 Cleanup 任务。因此，即使 Hadoop 系统中有很多作业同时执行，也不会给 Hadoop 集群的主节点造成太大负载压力。此外，通常受限于集群的空闲从节点的资源量，即使同时有很多作业提交，也只有一部分能够同时执行。

图 2-3 描述了优化后的 Hadoop 框架（SHadoop）中的作业执行状态转换。采用了该优化方法后，图 2-1 中的 PREPARE.SETUP 和 CLEANUP 状态都分别被并入到 PREPARE.INITIALIZED 和 RUNN1NG.SUC_WAIT 状态中。

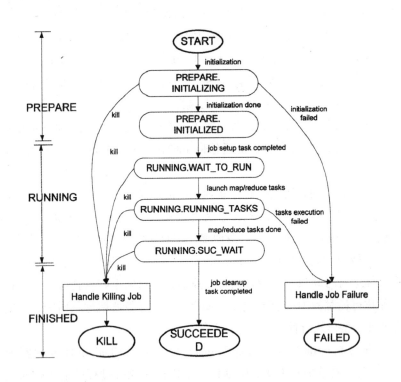

图 2-3　优化后的作业执行状态转换图

2.MapReduce 作业与任务运行事件通知机制优化

Hadoop 系统采用基于周期性心跳的通信机制在主节点和从节点之间交换信

息。从图2-2中描述的任务执行流程可见，标准 Hadoop MapReduce 框架也是通过心跳信息在 JobTracker 和 TaskTracker 之间通知作业与任务相关的调度和执行事件信息的。每个 TaskTracker 都周期性地向 JobTracker 发送心跳信息，当 TaskTracker 有空闲的 Map/Reduce 槽位时就在心跳信息中向 JobTracker 申请执行任务。对应地，JobTracker 在收到来自 TaskTracker 的申请任务请求时，如果有任务需要执行，JobTracker 将做出相关的任务分配。这种任务申请/分配的通信机制被称为基于拉取模式的心跳通信机制。

通过这种心跳通信机制，TaskTracker 将一些节点信息汇报给 JobTracker，JobTracker 将一些控制指令传递给 TaskTracker。为了有效控制并管理整个 Hadoop 集群，心跳通信的周期应当设置在一个合理的值。根据经验值，对于一个 100 个节点以下的集群，标准 Hadoop 的心跳通信间隔采用 3 秒钟，并且集群规模每扩大 100 个节点，通信时间间隔需要增加 1 秒钟。基于拉取模式 (Pull Mode) 的心跳通信机制从一定程度上避免了 JobTracker 的负载过高。然而，一个来自 TaskTracker 的心跳信息通常包含很多种类的消息，如从节点的负载状态、从节点是否准备好执行任务、汇报从节点存活等。其中，有一些消息的传递效率对于整个作业执行性能非常重要。这类对调度/执行任务性能敏感的事件消息称为紧急事件消息。

在表2-1中总结归纳了从 TaskTracker 传递到 JobTracker 的消息的种类，一共有 4 个紧急事件消息，即申请任务、开始执行任务、任务执行完待提交、任务完成。任务在运行过程中发送的消息都不是紧急事件消息。换言之，那些导致任务状态向前推动的消息称为紧急事件消息，其余的都不是。

表2-1　从TaskTracker传递到JobTracker的消息分类

| 信息类别 | 紧急事件消息 | 非紧急事件消息 |
| --- | --- | --- |
| 消息名称 | 申请任务、开始执行任务、任务执行完待提交、任务完成 | 任务执行中 |

采用心跳通信机制传递紧急事件消息会导致整个作业的执行消耗很多时间，主要有以下两个原因：

（1）JobTracker 只能被动地等待 TaskTracker 来拉取任务，这导致从作业被提交到其任务被执行有一个延时。因为 TaskTracker 在自己的心跳周期到来之前不会主动联系 JobTracker 拉取任务，即使 TaskTracker 已经准备好了执行任务。

（2）紧急事件消息（包括申请任务消息、开始执行任务消息、任务执行完待提交消息、任务完成消息）不能及时地从 TaskTracker 发送到 JobTracker, 这造成任务被延时调度执行，即使 TaskTracker 上有空闲的 Map/Reduce 槽等待执行任务。同时，还导致任务调度的延时增加，以及计算资源的利用率下降。一个短作业通常只运行几分钟、包含几十个任务。如果每个任务在可执行的状态下都被延时调度几秒钟，那么因延时调度而造成的累计时间还是比较显著的。

加速这些紧急事件消息的传递会减少作业的调度和执行耗时，从而进一步减少作业的整体执行时间。

降低心跳通信的周期间隔并不是一个有效的解决方案。这种简单的方法会增加很多无用的通信包，从而导致 JobTracker 的负载过高并存在造成整个 Hadoop 集群宕机的潜在风险。为了解决这个问题，本书中的 SHadoop 系统将紧急事件消息从普通的心跳信息中抽取出来，并且引入一种即时通信机制来传递紧急事件消息。

优化后的流程图如图 2-4 所示。在这个新通信机制中，有紧急事件发生时，该紧急事件消息会被立即发送至 JobTracker 进行后续处理。通过这种方法，紧急事件消息可以在 JobTracker 和 TaskTracker 之间得到快速同步。事实上，对于所有的作业与任务执行事件的通知，SHadoop 都采用即时通信机制传递；对于那些对性能不敏感的集群管理事件，SHadoop 仍旧采用心跳通信机制来传递。这种方法既可以提升集群的资源利用率，也能够避免 JobTracker 的负载过高。

为了与标准 Hadoop 系统兼容，SHadoop 没有使用任何第三方组件实现即时通信机制。对于网络通信部分，采用了 Hadoop 内部自带的 RPC 接口。具体而言，在 SHadoop 实现中，当有一个紧急事件发生时，该消息会立即通过 HadoopRPC 在 JobTracker 和 TaskTracker 之间传递，无需再等待心跳周期的到来。

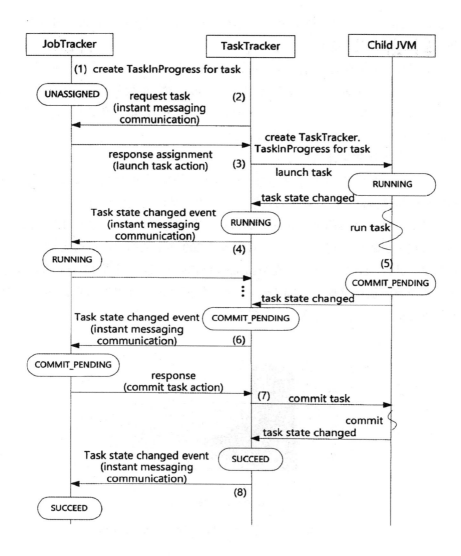

图 2-4 采用即时通信机制优化后的任务执行时序图

## 2.1.4 性能评估

### 1. 实验环境

实验在 Hadoop1.0.3 和 SHadoop 上进行。实验集群包含一个主节点和 36 个从节点。其中，主节点配置有 2 块 6-core2.8GHz 的 IntelXeon 处理器，36GB 内存以及 2 块 2TB 7200 RPMSATA 硬盘。每个从节点都配置有 2 块 4-core2.4GHz 的 IntelXeon 处理器，24GB 内存以及 2 块 2TB 7200 RPMSATA 硬盘。所有节点都是通过一个

1Gb/s 以太网互联。它们都安装了内核版本为 2.6.32 的 RedHatEnterpriseLinux6 操作系统和 Ext3 的文件系统。

每个从节点都运行着 Hadoop 的 TaskTracker/DataNode 进程，主节点运行着 Hadoop 的 JobTracker/NameNode 进程。Hadoop 软件配置中每个节点的 Map/Reduce 槽数均为 8，其余采用默认配置。标准的 Hadoop 和 SHadoop 都运行在 OpenJDK1.6 上，JVMheap 的大小都为 2GB。

2. 优化方法效果评估与分析

SHadoop 在标准 Hadoop MapReduce 框架上添加了两个优化。因此，第一组实验的目标是评估每个优化方法的效果，评估指标是作业执行时间。

首先，通过经典的 WordCount 测试程序来运行评估优化。为了使作业运行时间相对较短，输入数据的大小为 4.5GB，包括 200 多个数据块。该组实验采用 20 个从节点，共计 160 个任务槽，在 Hadoop 和 SHadoop 运行设置 16 个 Reduce 任务。在整个作业的执行过程中，JobTracker 端搜集记录了所有的 TaskTracker 在各个时刻的负载状态，相关的实验结果如图 2-5 所示。

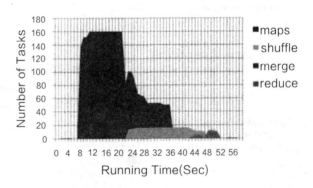

(a) 在标准 Hadoop 上运行 WordCount 标准测试用例

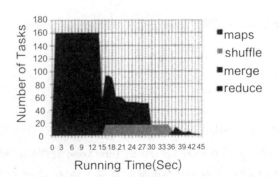

(b) 在作业 Setup/Cleanup 任务优化的 Hadoop 上运行 WordCount 标准测试用例

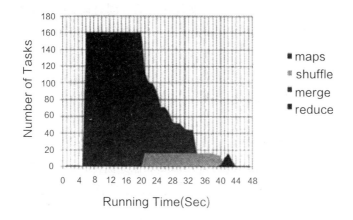

(c) 在即时通信机制优化的 Hadoop 上运行 WordCount 标准测试用例

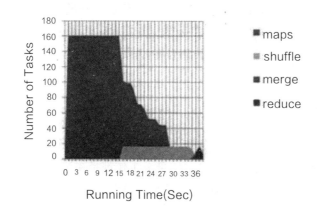

(d) 在作业 Setup/Cleanup 任务优化和即时通信优化的 Hadoop 上运行 WordCount 标准测试用例

图 2-5　SHadoop 中优化手段的性能评估

（单位：秒，运行时间越低越好）

图 2-5(a) 显示 WordCount 作业在 Hadoop 上执行过程中每秒运行的任务数目的变化情况。在作业开始阶段，在执行用户编写的 Map/Reduce 任务前大约需要 7 秒钟才能处理完 Setup 任务。类似地，在整个作业结束前需要运行一个 Cleanup 任务。

如图 2-5(b) 所示，当采用 Setup/Cleanup 任务优化之后，Setup 和 Cleanup 的时间开销明显减少了。整个作业的执行时间从原先的 60 秒减少到 46 秒，大约取得了 23.3% 的性能提升。

图 2-5(c) 显示在采用即时通信机制优化之后，同时运行的任务数目一直保持着很高的水平并且变化很平滑。这种现象表明，在作业执行过程中，TaskTracker 上的任务槽一直被最大化地利用并且很少处于空闲状态。这使整个执行流程更加紧凑高效，提升了每个任务槽的利用率。对于同一个 MapReduce 作业而言，计算工作量是固定的，因而提高 Map/Reduce 槽的利用率可以降低整个作业的执行时间。

图 2-5(d) 显示了同时采用 Setup/Cleanup 任务优化和即时通信优化后的作业执行情况。与图 2-5（b）中只采用 Setup/Cleanup 任务优化相比，整体的作业执行时间从 46 秒进一步降低到 39 秒。添加即时通信机制的优化，大约获得了 11.7% 的性能提升。

这两个优化对性能提升能够取得叠加的效果，这是因为它们作用在一个作业执行的不同阶段：Setup/Cleanup 任务优化作用在作业的开始和结束阶段，而任务的即时通信优化作用主要在作业的中间运行阶段。

由实验可见，这两个优化方法都对 MapReduce 的短作业执行性能提升产生了重要的作用。与标准 Hadoop 相比，SHadoop 能够降低 WordCount 测试程序共约 35% 的执行时间。

Grep 和 Sort 是另外两个广为使用的 MapReduce 标准测试程序，它们还被用在 MapReduce 框架最初的论文中作为示例。

Grep 是一个典型的 Map 端的作业，大部分工作都是在 Map 任务上进行。Map 任务的输出通常比作业输入的数据量小好几个数量级，因而 Reduce 任务的工作量很小。

Sort 是一个典型的 Reduce 端的作业，大部分执行时间都耗费在 Reduce 阶段，包括对中间数据进行 shuffle 并执行 Reduce 任务。在这些作业中，Map 任务的输出数据和作业整体的输入数据一样大。

为了评估本节提出的优化手段在不同 MapReduce 作业上的效果，在 Hadoop 和 SHadoop 上又分别运行了这两个评测程序进行对比。对于 Grep 测试程序，实验采用的输入数据大小为 10GB。对于 Sort 测试程序，实验使用的输入数据大小为 3GB。这两组实验的运行平台和配置与 WordCount 实验所用的平台一样，均为 20 个从节点。这两组实验的运行结果分别展示在图 2-6 和图 2-7 中。

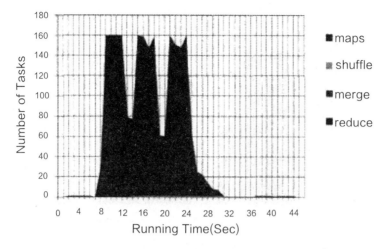

(a) 在标准 Hadoop 上运行 Grep 标准测试用例

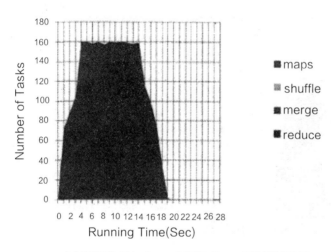

(b) 在标准 SHadoop 上运行 Grep 标准测试用例

图 2-6　Grep 标准测试用例在标准 Hadoop 和 SHadoop 下的性能评估

（单位：秒，运行时间越低越好）

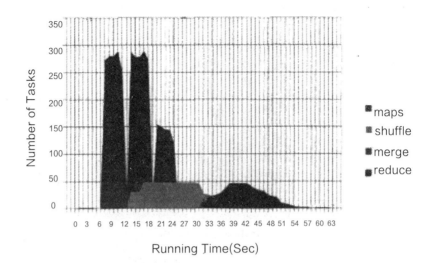

(a) 在标准 Hadoop 上运行 Sort 标准测试用例

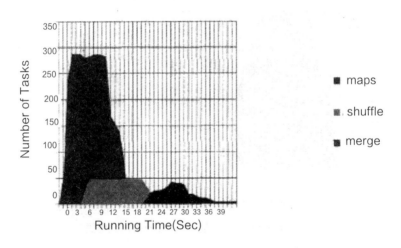

(b) 在 SHadoop 上运行 Sort 标准测试用例

图 2-7　Sort 标准测试用例在标准 Hadoop 和 SHadoop 下的性能评估

（单位：秒，运行时间越低越好）

　　如图 2-6 和图 2-7 所示，与标准的 Hadoop 相比，SHadoop 将 Grep 测试程序的执行时间从 47 秒降低到 29 秒，将 Sort 测试程序的运行时间从 63 秒降低到 41 秒。整体的执行时间分别减少了 38% 和 34%。这表明 SHadoop 中的优化手段可以提升 Map 端和 Reduce 端两种不同类型的 MapReduce 作业的执行效率。

### 3. 基于标准数据集的总体性能评估

为了进一步评估和验证本书提出的优化手段的通用性和稳定性，本节在更广泛的标准测试集上评估优化的效果。这些测试集包括源自 Intel 的一个广为使用的 MapReduce 评测包 HiBench、标准 Hadoop 自带的一个测试工具 MRBench，以及一个常用的上层应用级别的 Hive 测试包。

（1）HiBench 测试集性能评估。HiBench 是一个广为使用的针对 Hadoop 系统的评测程序包。它包含一组 Hadoop MapReduce 评测程序，包括合成的测试程序和现实 Hadoop 应用级别的测试程序。HiBench 测试程序的执行情况如图 2-8 所示，对应的性能提升比例在表 2-2 中展示。其中，对采用每个优化方法的执行耗时都进行了记录。

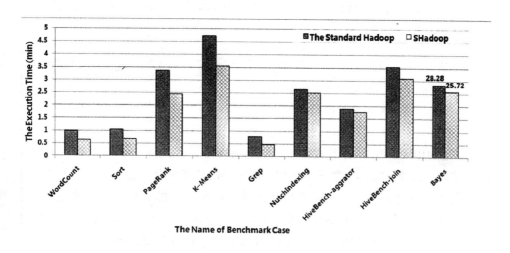

**图 2-8　标准 Hadoop 和 SHadoop 运行 HiBench 时间**

（单位：分钟，时间越低越好）

从表 2-2 中可以看到，本书提出的两个优化方法都产生了作用，具体的提升效果根据不同的测试程序而不同。其中，一些常用的 MapReduce 程序，如 WordCount、Sort 和 Grep 都取得了超过 30% 的性能提升，NutchIndexing 和 HiveBench-aggrator 测试程序有 6% 的性能提升。

总体而言，SHadoop 可以提升该测试集中所有的测试用例的执行性能，说明优化方法得到了较广的适用。

表2-2　HiBench标准测试集下的SHadoop中优化手段的性能评估

| 标准测试用例 | Hadoop | 优化1 | 优化2 | SHadoop | 整体提升比例 |
|---|---|---|---|---|---|
| WordCount | 60 | 50 | 51 | 39 | 35.00% |
| Sort | 63 | 53 | 52 | 41 | 34.90% |
| Grep | 201 | 179 | 167 | 146 | 38.27% |
| PageRank | 283 | 224 | 271 | 213 | 27.36% |
| K-Means | 47 | 36 | 40 | 29 | 24.73% |
| NutchIndexing | 159 | 153 | 156 | 151 | 6.00% |
| HiveBench-aggrator | 113 | 110 | 108 | 106 | 6.00% |
| HiveBench-join | 212 | 199 | 197 | 185 | 12.70% |
| Bayes | 1 697 | 1 588 | 1 640 | 1 518 | 10.55% |

（单位：秒，表中 Hadoop 代表标准 Hadoop，优化1代表只采用了 Setup/Cleanup 任务优化的 Hadoop，优化2代表只采用了即时通信优化的 Hadoop，而 SHadoop 代表采用了这两种优化的 Hadoop）

（2）MRBench 测试集性能评估。MRBench 是标准 Hadoop 发行版中自带的性能测试集，主要进行压力测试以评估不同集群的性能情况。它的主要工作原理是通过创建一系列的 MapReduce 小作业（数目可配置）提交给 Hadoop 集群执行，并检测 Hadoop 集群的执行效率。在本节中一共运行了不同作业数目的三组对比实验。实验结果如表 2-3 所示，对采用每个优化方法的执行耗时都进行了记录。从表 2-3 中可以看到，本书提出的两个优化手段都产生了效果，SHadoop 的总体性能提升稳定在 30% 左右。

表2-3　MRBench标准测试集下的SHadoop中优化手段的性能评估

| 作业数目 | Hadoop | 优化1 | 优化2 | SHadoop | 整体提升比例 |
|---|---|---|---|---|---|
| 5 | 122 | 91 | 114 | 85 | 30.30% |
| 50 | 1 252 | 943 | 1 178 | 876 | 30.03% |
| 500 | 12 504 | 9 020 | 12 117 | 8 754 | 30.00% |

（单位：秒，表中 Hadoop 代表标准 Hadoop，优化1代表只采用了 Setup/Cleanup 任务优化的 Hadoop，优化2代表只采用了即时通信优化的 Hadoop，而 SHadoop 代表采用了这两种优化的 Hadoop）

（3）Hive 测试集性能评估。在实际场景中，对于大数据查询分析应用，Hive 和 Pig 比手写定制的 MapReduce 程序的使用要广泛得多。据统计，在 Facebook 内部有大约 95% 的 Hadoop MapReduce 作业都是由 Hive 生成的。这也是启发本书开展 MapReduce 短作业优化工作的动机之一。下面将具体评估本书提出的优化方法对于 Hive 应用测试程序的性能影响。

本实验采用的 Hive 版本为 0.9，在底层分别使用 Hadoop 和 SHadoop 作为 MapReduce 的执行引擎。运行的一系列测试用例的实验结果如图 2-9 所示。对应的性能提升比例在表 2-4 中展示，其中对采用每个优化后的执行耗时都进行了记录。从表 2-4 中可以看到，优化后的 MapReduce 框架对于 Hive 的查询应用取得了明显的加速效果，性能提升平均为 20% 左右，这对于很多在线或准在线的查询应用是很有意义的。

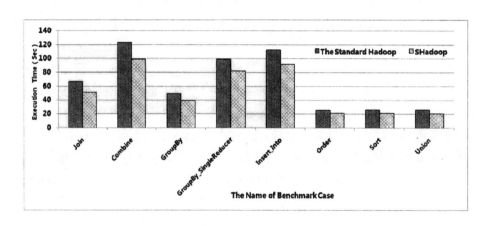

图 2-9　Hive 测试用例在标准 Hadoop 和 SHadoop 下的执行时间

（单位：秒，执行时间越低越好）

表2-4　Hive标准测试集下的SHadoop中优化手段的性能评估

| 测试用例 | Hadoop | 优化 1 | 优化 2 | SHadoop | 整体提升比例 |
|---|---|---|---|---|---|
| Join | 67 | 61 | 56 | 51 | 23.90% |
| Combine | 123 | 106 | 116 | 99 | 19.50% |
| CroupBy（GB） | 49 | 43 | 45 | 39 | 20.40% |
| GB_SingleReducer | 99 | 87 | 93 | 82 | 17.20% |
| Insert_Into | 113 | 94 | 109 | 91 | 18.60% |

| 测试用例 | Hadoop | 优化 1 | 优化 2 | SHadoop | 整体提升比例 |
|---|---|---|---|---|---|
| Order | 25 | 22 | 24 | 21 | 16.00% |
| Sort | 26 | 22 | 24 | 21 | 19.20% |
| Union | 26 | 20 | 24 | 19 | 23.10% |

（单位：秒，表中 Hadoop 代表标准 Hadoop，优化 1 代表只采用了 Setup/Cleanup 任务优化的 Hadoop，优化 2 代表只采用了即时通信优化的 Hadoop，而 SHadoop 代表采用了这两种优化的 Hadoop，GB_SingleReducer 是 GroupBy_SingleReducer 的缩写）

### 4. 可扩展性分析

本节通过实验评估 SHadoop 相比于 Hadoop 的可扩展性。实验中将通过固定节点数目、调整数据规模，以及固定数据规模、调整节点数目来进行可扩展性测试。

（1）数据可扩展性。表 2-5 显示了 SHadoop 和标准 Hadoop 在不同规模的输入数据下的执行性能情况。实验数据来自在 20 个节点上运行 WordCount 测试程序。从表 2-5 中可见，SHadoop 比标准 Hadoop 的执行性能要高，性能提升从 256MB 输入数据时的 30.38% 变化到 8GB 输入数据时的 4.47%。这表明 SHadoop 对于不同大小输入数据的 MapReduce 作业性能均有提升，尤其对短作业性能提升比较明显。

此外，还可以看到 SHadoop 随着数据规模的增长，时间也获得了近线性的增长，这表明 SHadoop 取得了较好的数据可扩展性。

表2-5　WordCount在标准Hadoop和SHadoop下不同规模数据的执行时间

（单位：秒）

| DataperNode | 256MB | 512MB | 1GB | 2GB | 4GB | 8GB |
|---|---|---|---|---|---|---|
| Hadoop | 79 | 115 | 172 | 291 | 499 | 962 |
| SHadoop | 55 | 90 | 147 | 263 | 472 | 919 |
| Improvementrate | 30.38% | 21.74% | 14.53% | 9.62% | 5.41% | 4.47% |

（2）系统可扩展性。这里评估了 SHadoop 和 Hadoop 在不同集群规模时的执行性能。实验都采用了 WordCount 测试程序，以 10GB、大约 500 数据块的文本文件作为输入数据，实验结果如图 2-10 所示。

从图 2-10 中可以看到，作业在 4、8、16、32 个节点的 SHadoop 集群上的执行时间分别是 287 秒、141 秒、85 秒和 46 秒。这表明 SHadoop 在不同节点规模的情况下具有很好的系统可扩展性。与标准 Hadoop 类似，当更多的节点添加到集群中时，SHadoop 能够获得对应比例的速度提升。

进一步讲，对于同一数目的节点，SHadoop 作业的执行效率总是比标准 Hadoop 的执行效率要高，而且这种性能提升对于短作业更加明显。总体而言，SHadoop 相比于标准 Hadoop 取得了更高的执行效率，而且 SHadoop 具有很好的系统可扩展性。

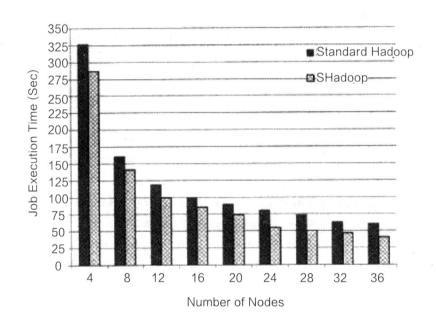

图 2-10　WordCount 程序在标准 Hadoop 和 SHadoop 下的系统可扩展性

## 2.2　HBase 系统安装

HBase 选用的是最稳定的版本 0.94.9。主要是配置工作，依然将 HBase 放在 /home 下，编辑 /usr/local/hbase/conf 下的 hbase-site.xml、hbase-default.xml、hbase-env.sh 这几个文件。具体步骤如下。

（1）编辑所有机器上的 hbase-site 文件，命令如下：

vi/usr/local/hbase/conf/hbase-site.xml

注意以下两点：

①首先，需要注意 hdfs://hadoop5.tsinghua.edu.cn:9000/hbase，必须与用户的 Hadoop 集群的 core-site.xml 文件配置保持完全一致才行。如果 Hadoop 的 HDFS 使用了其他端口，请在这里做修改。其次，HBase 该项并不识别机器 IP，只能使用机器 hostname，即若使用 hadoop5.tsinghua.edu.cn 的 IP 会弹出 Java 错误。

② hbase.Zookeeper.quorum 的个数必须是奇数。

```
<? xml version = "1.0"? >
<? xml - stylesheet type = "text/xsl" href = "configuration.xsl"? >
<! --
/**
 * Copyright 2010 The Apache Software Foundation
 *
 * Licensed to the Apache Software Foundation (ASF) under one
 * or more contributor license agreements.  See the NOTICE file
 * distributed with this work for additional information
 * regarding copyright ownership.  The ASF licenses this file
 * to you under the Apache License, Version 2.0 (the
 * "License"); you may not use this file except in compliance
 * with the License.  You may obtain a copy of the License at
 *
 *     http://www.apache.org/licenses/LICENSE - 2.0
 *
 * Unless required by applicable law or agreed to in writing, software
 * distributed under the License is distributed on an "AS IS" BASIS,
 * WITHOUT WARRANTIES OR CONDITIONS OF ANY KIND, either express or implied.
```

```
*  See the License for the specific language governing permissions and
*  limitations under the License.
* /
-->
<configuration>
<property>
    <name>hbase.rootdir</name>
    <value>hdfs://hadoop5.tsinghua.edu.cn:9000/hbase</value>
    <description>The directory shared by region servers.
    </description>
  </property>
<property>
<name>hbase.cluster.distributed</name>
<value>true</value>
</property>
<property>

    <name>hbase.master</name>

    <value>hdfs://hadoop5.tsinghua.edu.cn:60000</value>
    </property>
    <property>
    <name>hbase.zookeeper.quorum</name>
    <value> hadoop5.tsinghua.edu.cn, hadoop6.tsinghua.edu.cn, hadoop8.tsinghua.edu.cn</value>
    </property>
    </configuration>
```

（2）编辑所有机器的 hbase-env.sh，命令如下：

vi/usr/local/hbase/conf/hbase－env.sh

修改代码如下：

```
#  *
#  *        http://www.apache.org/licenses/LICENSE-2.0
#  *
#  * Unless required by applicable law or agreed to in writing, software
#  * distributed under the License is distributed on an "AS IS" BASIS,
#  * WITHOUT WARRANTIES OR CONDITIONS OF ANY KIND, either express or implied.
#  * See the License for the specific language governing permissions and
#  * limitations under the License.
```

```
# */

# Set environment variables here.

# This script sets variables multiple times over the course of starting an hbase process,
# so try to keep things idempotent unless you want to take an even deeper look
# into the startup scripts (bin/hbase, etc.)

# The java implementation to use.    Java 1.6 required.
# export JAVA_HOME = /usr/java/jdk1.6.0/
export JAVA_HOME = /usr/local/openjdk7/
# Extra Java CLASSPATH elements.    Optional.
 export HBASE_CLASSPATH = /usr/local/share/hadoop/conf

# The maximum amount of heap to use, in MB. Default is 1000.
# export HBASE_HEAPSIZE = 1000

# Extra Java runtime options.
# Below are what we set by default.    May only work with SUN JVM.
# For more on why as well as other possible settings,
# see http://wiki.apache.org/hadoop/PerformanceTuning
export HBASE_OPTS = " - XX: + UseConcMarkSweepGC"

# Uncomment one of the below three options to enable java garbage collection logging for the

    # This enables basic gc logging to the .out file.
    # export SERVER_GC_OPTS = " - verbose:gc - XX: + PrintGCDetails - XX: + PrintGCDateStamps"

    # This enables basic gc logging to its own file.
    # If FILE - PATH is not replaced, the log file(.gc) would still be generated in the HBASE_LOG_DIR .
    # export SERVER_GC_OPTS = " - verbose:gc - XX: + PrintGCDetails - XX: + PrintGCDateStamps -
Xloggc:<FILE - PATH>"

    # This enables basic GC logging to its own file with automatic log rolling. Only applies to jdk
1.6.0_34 + and 1.7.0_2 + .
    # If FILE - PATH is not replaced, the log file(.gc) would still be generated in the HBASE_LOG_DIR .
    # export SERVER_GC_OPTS = " - verbose:gc - XX: + PrintGCDetails - XX: + PrintGCDateStamps -
Xloggc:<FILE - PATH> - XX: + UseGCLogFileRotation - XX:NumberOfGCLogFiles = 1 - XX:GCLogFileSize
= 512M"

    # Uncomment one of the below three options to enable java garbage collection logging for the
client processes.
```

```
# This enables basic gc logging to the .out file.
# export CLIENT_GC_OPTS = " - verbose:gc - XX: + PrintGCDetails - XX: + PrintGCDateStamps"

# This enables basic gc logging to its own file.
# If FILE - PATH is not replaced, the log file(.gc) would still be generated in the HBASE_LOG_
DIR .
# export CLIENT_GC_OPTS = " - verbose:gc - XX: + PrintGCDetails - XX: + PrintGCDateStamps -
Xloggc:<FILE - PATH>"

# This enables basic GC logging to its own file with automatic log rolling. Only applies to jdk
1.6.0_34 + and 1.7.0_2 + .
```

（3）编辑所有机器的 HBase 的 HMasters 和 HRegionServers。修改 /usr/local/
hbase/conf 文件夹下的 regionservers 文件。添加 DataNode 的 IP 地址即可。代码
如下：

```
hadoop5.tsinghua.edu.cn
hadoop6.tsinghua.edu.cn
hadoop8.tsinghua.edu.cn
```

至此，HBase 集群的配置已然完成。

（4）启动、测试 HBase 数据库。

在 HMaster 即 NameNode 上启动 HBase 数据库（Hadoop 集群必须已经启动）。
启动命令：

/usr/local/hbase/bin/start-hbase. sh

然后，输入如下命令：

/usr/local/hbase/bin/hbase shell

进入 HBase 的命令行管理界面。

在 HBase shell 下输入 list，列举当前数据库的名称，如图 2-11 所示。如果
HBase 没配置成功，则会弹出 Java 错误。

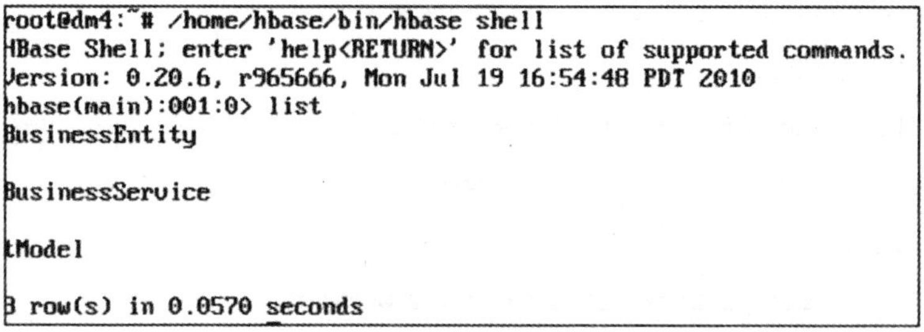

```
root@dm4:~# /home/hbase/bin/hbase shell
HBase Shell; enter 'help<RETURN>' for list of supported commands.
Version: 0.20.6, r965666, Mon Jul 19 16:54:48 PDT 2010
hbase(main):001:0> list
BusinessEntity

BusinessService

tModel

3 row(s) in 0.0570 seconds
```

图 2-11　HBase shell 下列举当前数据库的名称

我们也可以通过 Web 页面来管理查看 HBase 数据库。

HMaster：http：//hadoop5. tsinghua. edu. cn：60010/master.jsp

## 2.3　Zookeeper 系统安装

Zookeeper 的官网文档上指出，其在 FreeBSD 上只支持 Client，但事实上我们在 FreeBSD 上把 Client 和 Server 全部安装成功了。

### 2.3.1　在 FreeBSD 上安装 Zookeeper

1. 下载 Zookeeper

wget http：//mirror. bit. edu. cn/apache//zookeeper/zookeeper-3.4.6/zookeeper-3.4.6.tar. gz( 本次安装 3.4.6 版本 )

其他版本下载地址（最好使用 stable 版本）：http://zookeeper. Apache. org/releases. html

2. 解压

tar-xzf zookeeper-3.4.6. tar. gz

3. 复制

将 zookeeper-3.4.6/conf 目录下的 zoo_sample. cfg 文件复制一份，命名为 "zoo. cfg"。

4. 修改 zoo. cfg 配置文件

修改 zoo. cfg 内容为：

```
server. 1 = hadoop5. tsinghua. edu. cn:2888:3888
# server. 2 = hadoop5. tsinghua. edu. cn:2888:3888
server. 2 = hadoop6. tsinghua. edu. cn:2888:3888
server. 3 = hadoop8. tsinghua. edu. cn:2888:3888
# The number of milliseconds of each tick
tickTime = 2000
# The number of ticks that the initial
# synchronization phase can take
initLimit = 10
# The number of ticks that can pass between
```

```
# sending a request and getting an acknowledgement
syncLimit = 5
# the directory where the snapshot is stored.
dataDir = /tmp/zookeeper
# the port at which the clients will connect
clientPort = 2181
```

其中，2888 是 Zookeeper 服务之间通信的端口，而 3888 是 Zookeeper 与其他应用程序通信的端口。而 Zookeeper 在 Hosts 中已映射了本机的 IP。

initLimit: 这个配置项用来配置 Zookeeper 接收客户端（这里所说的客户端不是用户连接 Zookeeper 服务器的客户端，而是 Zookeeper 服务器集群中连接到 Leader 的 Follower 服务器）初始化连接时最长能忍受多少个心跳时间间隔数。当超过 10 个心跳时间 ( 也就是 tickTime) 长度后，Zookeeper 服务器还没有收到客户端的返回信息，那么表明这个客户端连接失败。总的时间长度就是 $5 \times 2\,000 = 10$ 秒。

syncLimit: 这个配置项标识 Leader 与 Follower 之间发送消息，请求和应答最长不能超过多少个 tickTime 的时间长度，总的时间长度就是 $2 \times 2\,000 = 4$ 秒。

server.A = B:C:D:，其中 A 是一个数字，表示这个是第几号服务器；B 是这个服务器的 IP 地址；C 表示的是这个服务器与集群中的 Leader 服务器交换信息的端口；D 表示的是若集群中的 Leader 服务器挂了，需要一个端口来重新进行选举，选出一个新的 Leader，而这个端口就是用来执行选举时服务器相互通信的端口。如果是伪集群的配置方式，由于 B 都是一样，不同的 Zookeeper 实例通信端口号不能一样，就要给它们分配不同的端口号。

5. 创建目录

创建 dataDir 参数指定的目录（这里指的是 "/tmp/zookeeper"），并在目录下创建文件，命名为 "myid"。

6. 编辑 "myid" 文件

编辑 "myid" 文件，并在对应 IP 的机器上输入对应的编号。例如，在 Hadoop5 上，myid 文件内容是 1；在 Hadoop 6 上，myid 的内容就是 2。

至此，如果是多服务器配置，就需要将 Zookeeper-3.4.6 目录复制到其他服务器，然后按照上述方法修改 myid。

## 2.3.2　启动并测试 Zookeeper

1. 在所有服务器中执行

/usr/local/zookeeper/bin/zkServer. sh start

2. 输入 jps 命令查看进程

```
namenode 上显示为
hadoop5# jps
60677 JobTracker
33520 Jps
2461 DataNode
5222 HQuorumPeer
5413 HRegionServer
60495 NameNode
5279 HMaster
```

其中，QuorumPeerMain 是 Zookeeper 进程，启动正常。（HMaster 和 HRegionServer 是已启动的 HBase 进程，其他的是安装 Hadoop 后启动的进程。）

3. 查看状态

```
/usr/local/zookeeper/bin/zkServer. sh status。
hadoop5# /usr/local/zookeeper/bin/zkServer. sh status

JMX enabled by default
Using config：/usr/local/zookeeper/bin/../conf/zoo.cfg
Mode：follower
```

4. 启动客户端脚本

```
/usr/local/zookeeper/bin/zkCli. sh -server zookeeper：2181。
WatchedEvent state：SyncConnected type：None path：null
[zk：zookeeper：2181(CONNECTED) 0]
[zk：zookeeper：2181(CONNECTED) 0] help
Zookeeper - server host：port cmd args
        connect host：port
        get path [watch]
        ls path [watch]
        set path data [version]
        rmr path
```

```
delquota [-n|-b] path
quit
printwatches on|off
create [-s] [-e] path data acl
stat path [watch]
close
ls2 path [watch]
history
listquota path
setAcl path acl
getAcl path
sync path
redo cmdno
addauth scheme auth
delete path [version]
setquota -n|-b val path
[zk: zookeeper:2181(CONNECTED) 1] ls /
[hbase, zookeeper]
[zk: zookeeper:2181(CONNECTED) 2]
```

5. 停止 Zookeeper 进程

/usr/local/zookeeper/bin/zkServer. sh stop

# 第3章  大数据平台解决方案

本章将介绍适合企业应用生产环境的大数据平台解决方案。企业对大数据平台的应用需求一般包括两个部分,即计算和存储。当前主流的计算平台主要集成了 MPI、MapReduce、Spark、Tez 和 Storm 等计算架构,数据存储集成了 HDFS、Impala HBase 等。要构建这样的大数据平台需要在不同的物理和虚拟计算机上安装和部署大量的组件和工具,这些工作需要具有丰富运维经验的系统管理人员才能完成,并且需要耗费大量的人力、物力。基于这样的需求,很多企业推出了自己的大数据平台解决方案,这些方案各有侧重点。本章先对市场上已有的大数据平台进行分析和对比,然后重点介绍两个开源的大数据管理平台的搭建:CDH(Cloudera's Distribution Including Apache Hadoop) 和 HDP(Hortonworks Data Platform)。

## 3.1  大数据平台比较

当前主流的大数据平台提供机构包括 Cloudera、Hortonworks、MapR、华为、EMC、IBM、Intel 等,这些机构有公益的、商业的或者混合的多种形式,提供的大数据平台有开源的、商业的等多种版本,每个机构提供的大数据平台适用的用户场景各不相同,因而用户必须根据自己的需求进行平台选择。下面我们通过表格形式,将各个机构提供的平台的特点列出,如表 3-1 所示。

表3-1 主流大数据平台对比

| 机构名称 | 平台名称 | 是否开源 | 商业版本 | 定　价 | 安装管理系统 |
|---|---|---|---|---|---|
| Cloudera | CDH | 是 | 有 | 4 000 美元 / 年 / 节点 | Cloudera Manager |
| Hortonworks | HDP | 是 | 有 | 12 500 美元 / 年 /10 节点 | Ambari |
| 华为 | FusionInsight | 否 | 有 | 不详 | 不详 |
| EMC | Pivotal HD | 部分 | 有 | 不详 | Ambari |
| IBM | InfoSphere BigInsights | 否 | 有 | 不详 | 不详 |

Hadoop 的发行版除了 Apache 官方的 Apache Hadoop 外，Cloudera、Hortonworks、MapR、EMC、IBM、Intel 和华为等都提供了基于 Apache Hadoop 的社区版、试用版和商业版等。商业版与社区版或试用版的区别是其提供了专业的技术支持，这对于从事大数据业务的企业非常重要。

# 3.2　CDH 大数据平台搭建

CDH 是 Cloudera 开发的完全开源的大数据管理平台，其集成了 Apache Hadoop 和一些专门为企业需求所做的优化。CDH 包括 Cloudera Manager、Cloudera Standard、Cloudera Enterprise Trial 和其他相关软件。CDH 安装首先要安装 Cloudera Manager。

## 3.2.1　Cloudera Manager 安装

Cloudera Manager 支持主流大数据平台的大部分组件，这些组件随着 CM 不同版本的推出而更新，用户可以根据 Cloudera 给出的兼容性矩阵，查询相关组件的兼容性。具体网址参见 http://www. cloudera. com/documentation/enterprise/release-notes/topics/Product _Compatibility_Matrix. html。

1. 下载 CM 安装包

运行命令：wget http://arcHive. cloudera. com/cm5/installer/5.4.8/cloudera-manager-installer. bin。

2. 运行安装 CM

（1）修改权限 chmod u+x cloudera-manager-instager-installer.bin，执行 cloudera-manager-installer. Bin./cloudera-manager-installer. bin。

（2）开始安装 CM 许可认证，点击"是"即可，如图 3-1 所示。

Cloudera Manager 许可证界面，如图 3-2 所示，选择"是（Y）"后继续。然后，出现 Oracle 二进制代码许可证界面，如图 3-3 所示，选择"Next"继续。

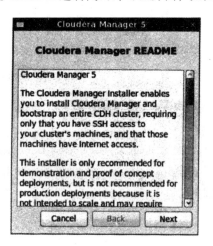

图 3-1　CM Readme 界面

图 3-2 CM License 界面

继续选择"Next"，开始安装 Cloudera Manager 5，界面如图 3-4 所示。

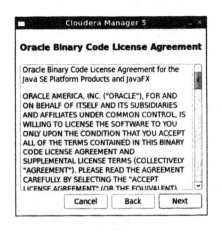

图 3-3　Oracle 二进制代码许可证界面

图 3-4 Cloudera Manager 5 安装界面

安装完成后，提示打开浏览器访问 CM5 的管理界面，用户名和密码都是"admin"，如图 3-5 所示。至此安装成功，打开浏览器输入 http://localhost : 7180，即可进入 Web 界面。

图 3-5　Cloudera Manager 5 提示界面

## 3.2.2　添加服务

1. 添加 Cloudera Management Service

点击右上角添加 CM Service，选择 "master" 作为 Service Monitor 和 Host Monitor，如图 3-6 所示。

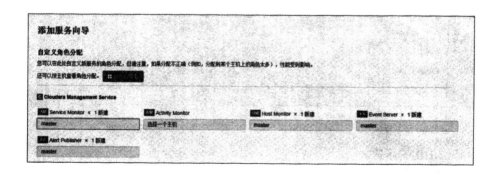

图 3-6　添加服务向导界

目录的存储配置如图 3-7 所示。

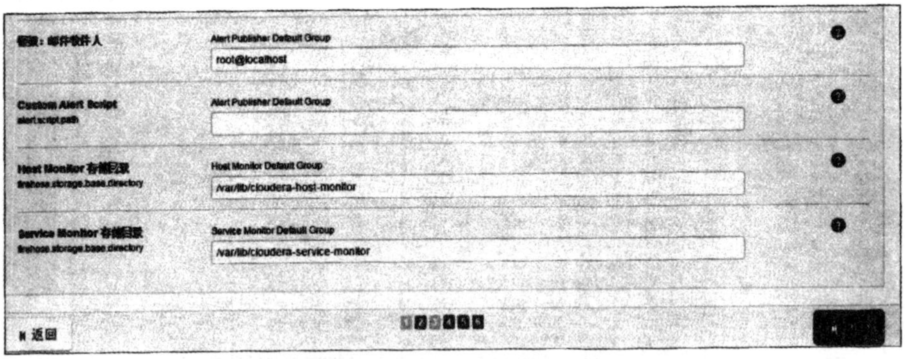

图 3-7　目录的存储配置界面

启动服务如图 3-8 所示。

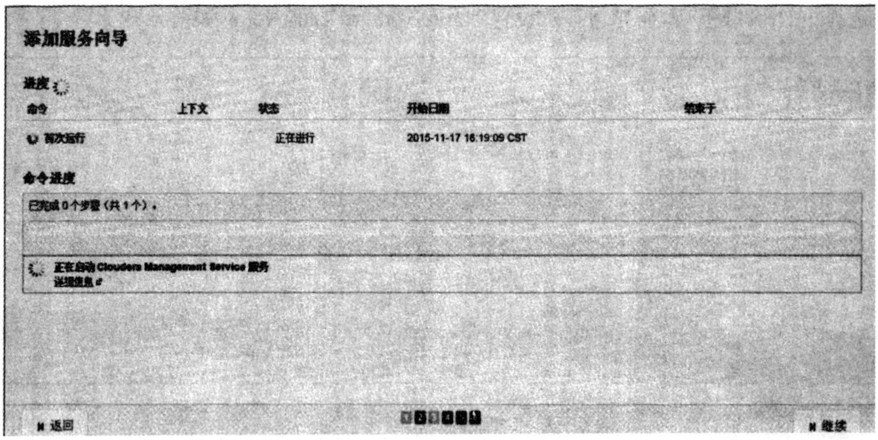

图 3-8　启动 Cloudera Management Service　服务界面

安装完成界面，如图 3-9 所示。

图 3-9　Cloudera Management Service 服务安装完成界面

## 2. 添加 HDFS 服务

"Cloudera Management Service 服务"添加成功后，可以通过"添加服务向导"添加其他服务。例如，想添加 HDFS 服务，请选择"HDFS"，如图 3-10 所示。

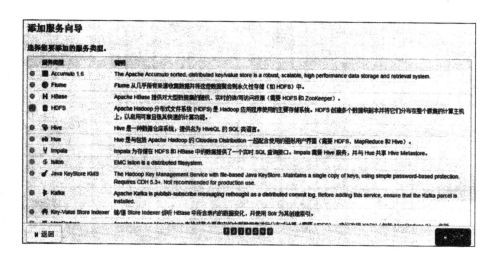

图 3-10　添加 HDFS 服务

选择 HDFS 服务后，向导会提示设置 NameNode 和 DataNode，如图 3-11 所示。

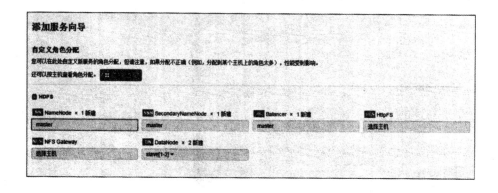

图 3-11　设置 NameNode 和 DataNode

设置 NameNode 和 DataNode 后，向导提示设置 DataNode 数据目录和 NameNode 数据目录，系统开始部署服务，如图 3-12 所示。

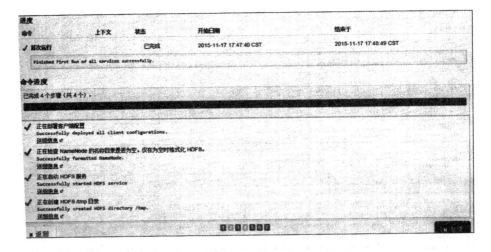

图 3-12　系统部署 HDFS 服务界面

当出现如图 3-13 所示界面时，HDFS 服务部署完成。

图 3-13　HDFS 服务部署完成

3.Zookeeper 安装

和添加 HDFS 服务类似，用户如果想添加 Zookeeper 服务，则返回如图 3-10 所示的添加服务向导，选择 Zookeeper 服务。然后，向导提示设置 Master 主机，如图 3-14 所示。

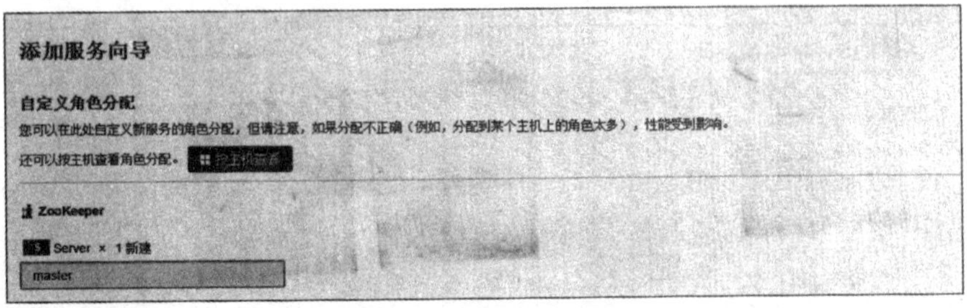

图 3-14　设置 Master 主机

设置完成 Master 主机后，系统提示设置 Zookeeper 数据目录和日志目录，如图 3-15 所示。

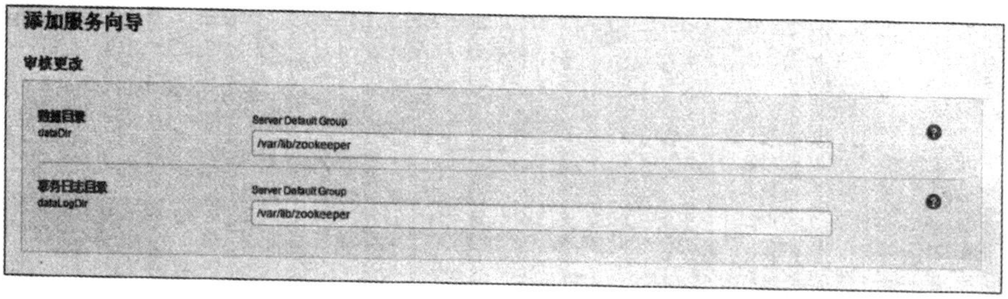

图 3-15　设置 Zookeeper 数据目录和日志目录

设置完成 Zookeeper 数据目录和日志目录后，系统开始部署 Zookeeper 服务，如图 3-16 所示。

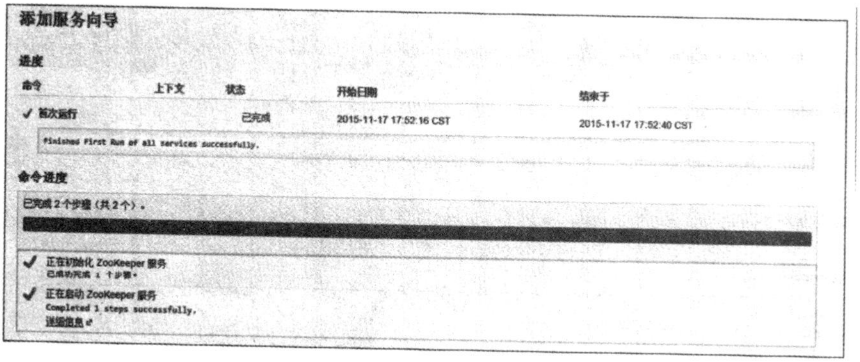

图 3-16　系统部署 Zookeeper 服务

4.YARN 安装

YARN 安装和添加 HDFS 服务类似，返回如图 3-10 所示的添加服务向导，选择 YARN 服务，如图 3-17 所示。

图 3-17　选择 YARN 服务

然后，向导提示设置依赖关系，如图 3-18 所示。

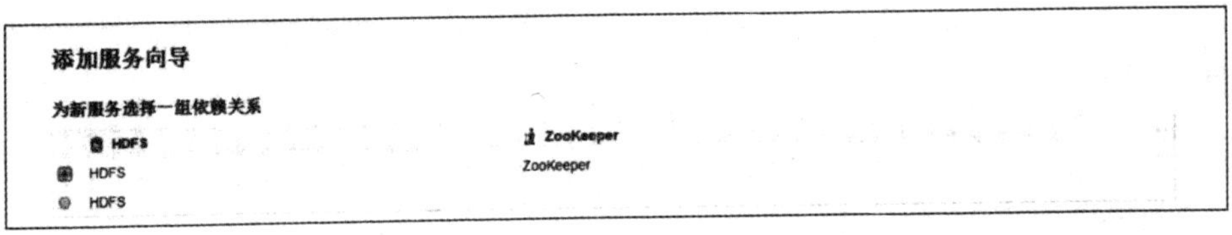

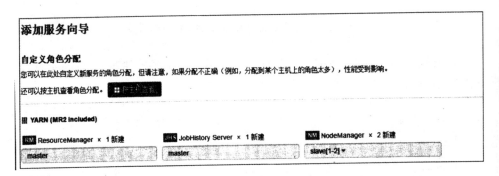

图 3-18　设置 YARN 依赖关系

　　设置依赖关系后进行主机配置，如图 3-19 所示。用户根据需求，设置主机的角色。

图 3-19　设置主机角色

　　设置主机完成后，选择安装路径，如图 3-20 所示。

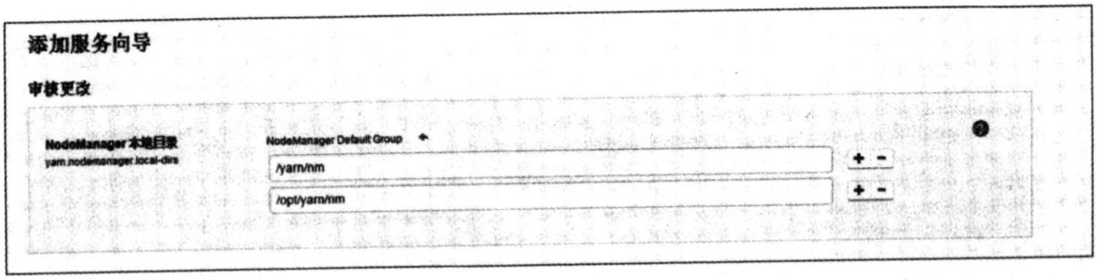

图 3-20　安装路径选择

　　上述步骤设置完成后，系统开始部署并启动，如图 3-21 和图 3-22 所示。

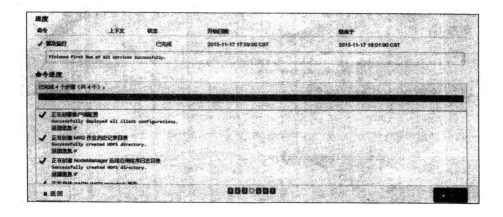

图 3-21　YARN 部署界面

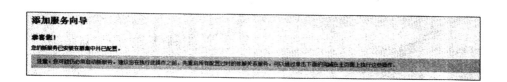

图 3-22　YARN 服务安装成功界面

**5.CDH 状态一览**

上述配置完成后，一个生产环境需要的大数据平台基本部署完成，包括 HDFS、YARN、Zookeeper 等。如果用户还需要其他服务，如 Solr、Spark 等，可以在安装向导中根据提示进行安装。CDH 对所有安装的服务都有状态报表，如图 3-23 所示。

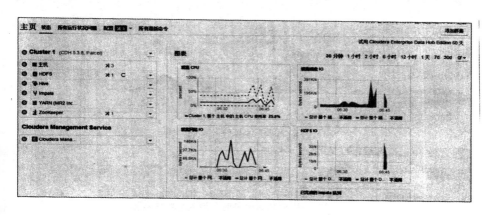

图 3-23　CDH 服务状态报表

CDH 主机信息列表，如图 3-24 所示。

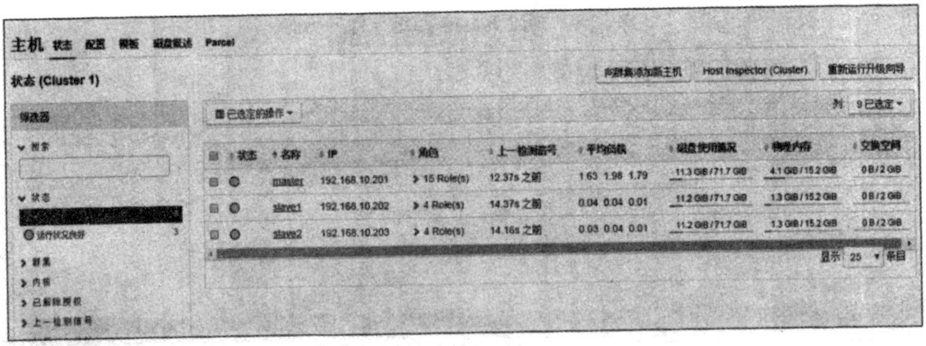

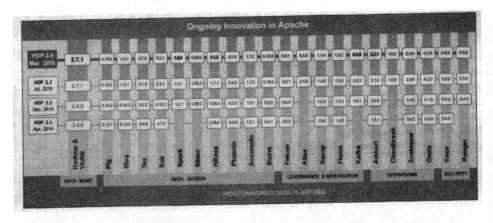

图 3-24　CDH 主机信息列表

# 3.3　HDP 大数据平台搭建

　　Hortonworks Data Platform 是基于集中式体系架构（YARN)的企业级开源 Apache Hadoop 分发版本。HDP 解决静态数据的全部需求，支持实时客户应用和提供鲁棒性分析，加快决策和创新。HDP 平台集成了大部分关键的大数据处理组件，并且随着这些组件的更新而更新，用户可以根据自己的需求，选择安装 HDP 的版本。HDP 版本和其集成的开源组件的版本对照表如图 3-25 所示。搭建 HDP 之前先部署 Ambari，因为 Ambari 可以方便 HDP 的自动化安装。

图 3-25　HDP 与其他开源项目的版本关系图

## 3.3.1 部署 Ambari

### 1.Ambari 集群规划

本节还是以最小的 Hadoop 集群架构来演示 Ambari 的部署。3 个节点的主机名列表如下：

（1）192.168.10.101 Ambaril，

（2）192.168.10.102 masterl.hadoop，

（3）192.168.10.103 slavel.hadoop。

Ambaril 是 http 服务器，masterl.hadoop 是集群的 Master，slavel.hadoop 是集群的 NameNode。

### 2. 下载 Ambari

Apache Ambari 是一个完全开源的管理平台，具有配置、管理、监控和确保 Apache Hadoop 集群的功能。Apache Ambari 是 Hortonworks Data Platform(HDP) 的一部分，允许企业计划、安装和安全配置 HDP 平台，使其更容易提供不间断的集群维护和管理，并且不限制集群的大小。

Ambari 目前支持 64 位的操作系统，包括 RHEL(Redhat Enterprise Linux)6 和 RHEL7、CentOS 6 和 CentOS 7、OEL( Oracle Enterprise Linux) 6 和 OEL 7、SLES (SuSE Linux Enter-prise Server)11、Ubuntu 12 和 Ubuntu 14 以及 Debian 7。本节选择的是 Ubuntu 14。

Ambari 的官方文档对安装环境提出了最小系统要求，包括硬件要求、操作系统要求、浏览器要求、软件要求、数据库要求等。细节可以参照网站 http://Ambari.apache.org 中的官方文档。其中，比较重要的就是软件要求，Ambari 要求 Hadoop 集群的每个主机必须安装 yum、rpm、scp、curl、wget、pdsh。这些软件都是在 Ambari 的安装脚本中使用的工具。

Ambari 有两种安装方式：第一种是公用资源库安装，第二种是源代码安装。第一种简单方便，第二种因为以源代码编译安装，因而程序的执行效率会更高。

下面将介绍第一种安装方式。

### 3. 安装 Ambari

在 Ambari 节点上输入以下命令：

yum – y install Ambari-server，

出现如图 3-26 所示界面。

```
Total download size: 333 M
Installed size: 383 M
Is this ok [y/d/N]: y
Downloading packages:
(4/4): postgresql-server-9 22% [===-                    ]  20 MB/s |  74 MB   00:12 ETA
```

图 3-26　下载 Ambari

在 HDP 的官网上下载 Ambari 的安装需要很长时间，用户可以自己搭建 HDP 的公共资源服务器。互联网上有很多配置本地资源库的文档，大家可以上网去搜索，本节不做赘述。

下载完成后执行如下命令：Ambari-server setup。

当出现如图 3-27 所示的提示时，输入 y 继续。

```
[root@localhost opt]# ambari-server setup
Using python  /usr/bin/python2.7
Setup ambari-server
Checking SELinux...
SELinux status is 'enabled'
SELinux mode is 'enforcing'
Temporarily disabling SELinux
WARNING: SELinux is set to 'permissive' mode and temporarily disabled.
OK to continue [y/n] (y)?
```

图 3-27　安装 Ambari 步骤 1

因为我们已经安装了 JDK，所以输入 3，继续安装，如图 3-28 所示。

```
Customize user account for ambari-server daemon [y/n] (n)?
Adjusting ambari-server permissions and ownership...
Checking firewall status...
Redirecting to /bin/systemctl status  iptables.service

Checking JDK...
[1] Oracle JDK 1.8 + Java Cryptography Extension (JCE) Policy Files 8
[2] Oracle JDK 1.7 + Java Cryptography Extension (JCE) Policy Files 7
[3] Custom JDK

Enter choice (1):
```

图 3-28　安装 Ambari 步骤 2

当出现如图 3-29 所示的提示时，输入 JAVA_HOME 环境变量的路径。

```
Enter choice (1): 3
WARNING: JDK must be installed on all hosts and JAVA_HOME must be valid on all h
osts.
WARNING: JCE Policy files are required for configuring Kerberos security. If you
 plan to use Kerberos,please make sure JCE Unlimited Strength Jurisdiction Polic
y Files are valid on all hosts.
Path to JAVA_HOME: /opt/jdk
```

图 3-29　安装 Ambari 步骤 3

输入 y 进入数据库配置，如图 3-30 所示。

```
Validating JDK on Ambari Server...done.
Completing setup...
Configuring database...
Enter advanced database configuration [y/n] (n)?
```

图 3-30　安装 Ambari 步骤 4

这里要选数据库，现在的系统里已经安装了 PostgreSQL,所以输入 1，如图 3-31 所示。

```
Choose one of the following options:
[1] - PostgreSQL (Embedded)
[2] - Oracle
[3] - MySQL
[4] - PostgreSQL
[5] - Microsoft SQL Server (Tech Preview)

Enter choice (1):
```

图 3-31　安装 Ambari 步骤 5

图 3-32 是 Ambari 创建的数据库的名字、用户等。

```
Enter choice (1):
Database name (ambari):
Postgres schema (ambari):
Username (ambari):
Enter Database Password (bigdata):
Default properties detected. Using built-in database.
Configuring ambari database...
Checking PostgreSQL...
Running initdb: This may take upto a minute.
```

图 3-32　安装 Ambari 步骤 6

图 3-33 是安装 Ambari 成功的界面，至此安装完成。

```
About to start PostgreSQL
Configuring local database...
Connecting to local database...done.
Configuring PostgreSQL...
Restarting PostgreSQL
Extracting system views...
ambari-admin-2.1.0.1470.jar
......
Adjusting ambari-server permissions and ownership...
Ambari Server 'setup' completed successfully.
```

图 3-33　安装 Ambari 成功

4. 启动 Ambari

启动 Ambari，输入命令：Ambari-server start。

当出现如图 3-34 所示的界面时，代表启动成功。

```
[root@localhost opt]# ambari-server start
Using python  /usr/bin/python2.7
Starting ambari-server
Ambari Server running with administrator privileges.
Organizing resource files at /var/lib/ambari-server/resources...
Server PID at: /var/run/ambari-server/ambari-server.pid
Server out at: /var/log/ambari-server/ambari-server.out
Server log at: /var/log/ambari-server/ambari-server.log
Waiting for server start....................
Ambari Server 'start' completed successfully.
```

图 3-34　启动 Ambari

在其他计算机上用浏览器打开，输入 http://Ambaril :8080，进入 Ambari Web 登录界面，如图 3-35 所示，默认的 Username:admin，password:admin。

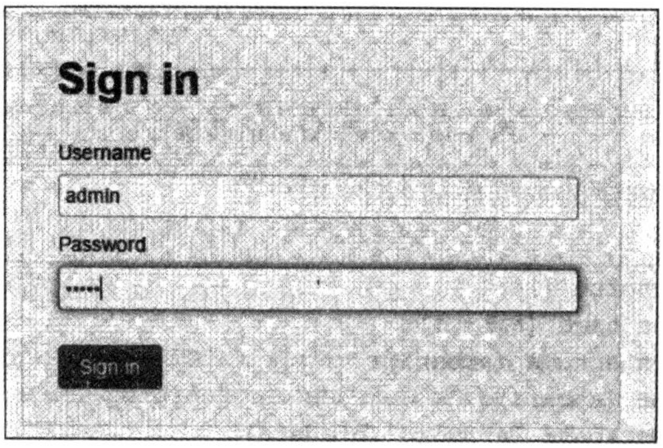

图 3-35　Ambari Web 登录界面

Ambari 搭建正式完成，接下来使用 Ambari 进行集群搭建。

## 3.3.2　用 Ambari_web 部署 HDP 平台

1. 集群规划配置

首先应规划好 HDP 集群：

（1）192. 168. 10. 104 master2，

（2）192. 168. 10. 110 slave2-l. hadoop，

（3）192. 168. 10. Ill slave2-2. hadoop。

IP 的规划是 101~109 为 master 保留，110~254 是给 slave 的。这里只做演示用，所以只搭建 1 个 Master 和 2 个 Slave 节点。进行集群操作之前，要做 ssh 无密钥登录配置，该配置的详细步骤请自行百度，注意要将 Ambari 主机上的密钥复制到每个节点上。复制的是密钥，不是公钥。

2. 配置文件的复制

在 Ambari 主机上配置好 Hosts 文件，使用 scp 复制至 Slave 节点上。

除了 hosts 文件还要复制 yum 下载的文件，分别是在 /etc/yum.repos.d 下的 Ambari. repo、hdp. repo、hdputil. repo 三个源文件，这是为了方便在本地 http 服务器上下载安装包。

```
scp Ambari.repo slave2-1.hadoop:/etc/yum.repos.d/
scp Ambari.repo slave2-2.hadoop:/etc/yum.repos.d/
scp hdp.repo slave2-2.hadoop:/etc/yum.repos.d/
scp hdp.repo slave2-1.hadoop:/etc/yum.repos.d/
scp hdp-util.repo slave2-1.hadoop:/etc/yum.repos.d/
scp hdp-util.repo slave2-2.hadoop:/etc/yum.repos.d/
```

3. 使用 Ambari 搭建 HDP 集群

（1）创建集群。

点击 Launch Install Wizard，即可开始创建集群。

（2）开始搭建 HDP 集群，如图 3-36 所示。输入集群的 Name，点击 Next。

（3）选择 HDP 版本，如图 3-37 所示。

选择搭建 HDP2.3 集群。为了加快部署速度，需要选择一下 Repository 选项，如图 3-38 所示。

在这次演示中，我们选择的操作系统是 centos7，因此选择相近的 redhat7，并修改安装源。在进行集群搭建之前，我们已经下载 HDP 并解压到 Ambari1 主机下的 /var/www/html/hdp 目录，并将该目录映射到 http 服务器下的 http://Ambari1/hdp/ 目录，那么 HDP2.3 和 HDP-UTILS 的对应目录如图 3-38 所示。需要注意的是，如果不修改本地安装，那么 Ambari 就会直接从官网下载。如果要部署的集群节点众多，并且网速跟不上，那么安装过程将会是个非常漫长的过程。

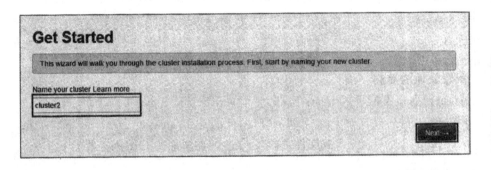

图 3-36　设置集群名字

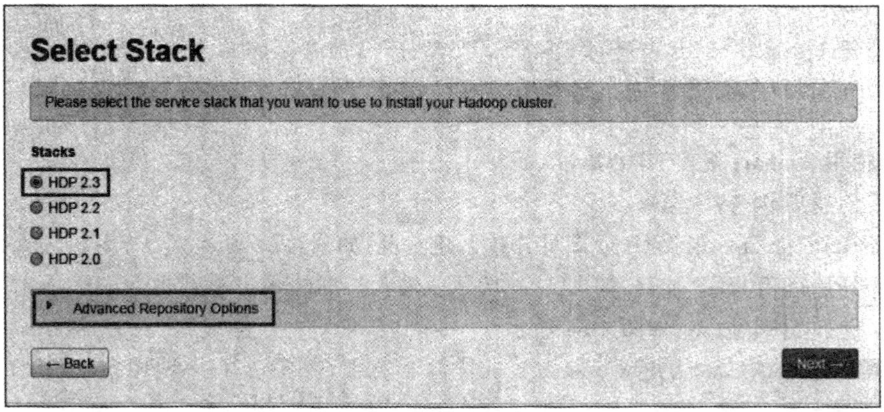

图 3-37　设置集群版本

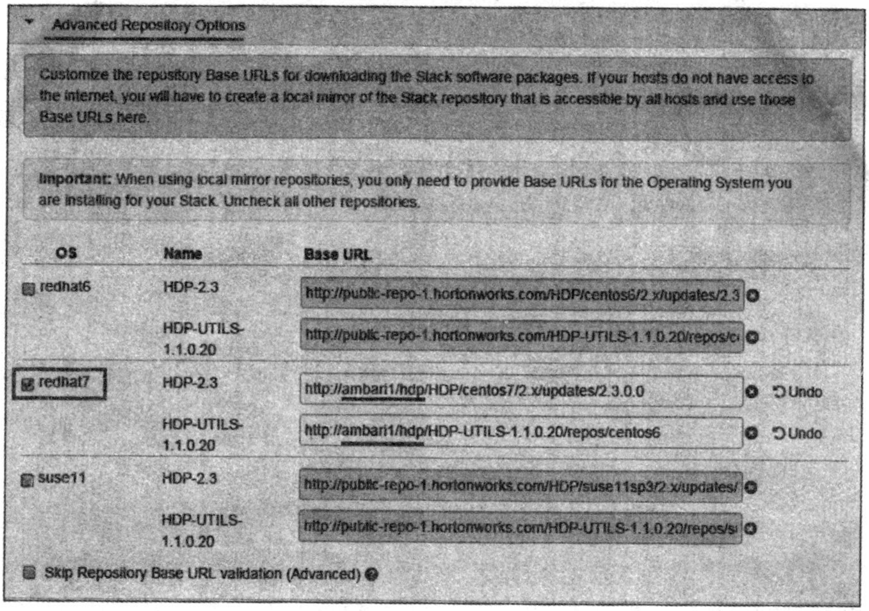

图 3-38　设置集群安装源

4. 集群主机配置与检测

集群相关的配置需填写集群中所有节点的 Hostname，一行一个主机名。然后，填写 Ambari 主机的私钥，可以通过文件导入，也可以通过复制、粘贴的方式。需要注意的是，这里填写的 ssh 不是公钥，而是密钥。公钥在文件 id_dsa. pub 中，而密钥在 id_dsa 这个文件中。

接下来点击 Register and Confirm, 如图 3-39 所示。检测各个节点, 如果检测通过, 就会出现如图 3-39 所示界面。

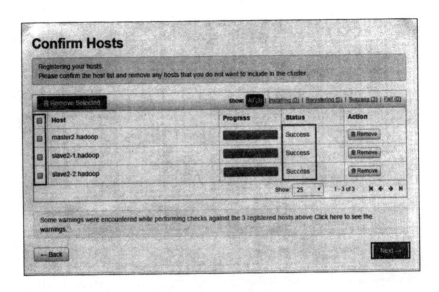

图 3-39　测试集群加密通信

把主机都选上, 点击 Next。如果用户有 Fail 的情况, 一般来说是 Hostname 和 Hosts 中设置有问题。

5. 选择集群服务

为了方便安装只选择了 HDFS、YARN + MapReduce2、Zookeeper 和 Spark 这四个服务。

6.Master 节点和 Slave 节点的配置

根据应用需求, 选择合适的主机做 Master 节点, 设置完 Master 节点后; 选择 DataNode 节点和 Client 节点, 设置完毕点击 Next; 最后是对集群进行详细设置。这里对集群的设置还是相当详细的, 可以设置 NameNode 存储位置和 DataNode 的位置, 点击 Advanced 有更详细的设置。用户可以根据应用需求, 进行详细定制, 如图 3-40 所示。

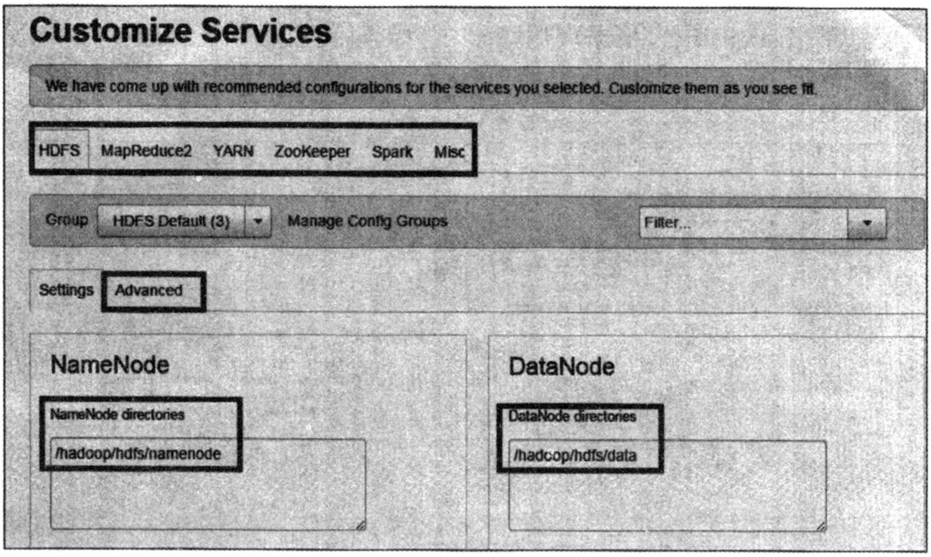

图 3-40 设置 NameNode 和 DataNode 的目录

7. 开始部署集群

开始安装，集群部署界面如图 3-41 所示。

安装完成，集群部署成功界面如图 3-42 所示。

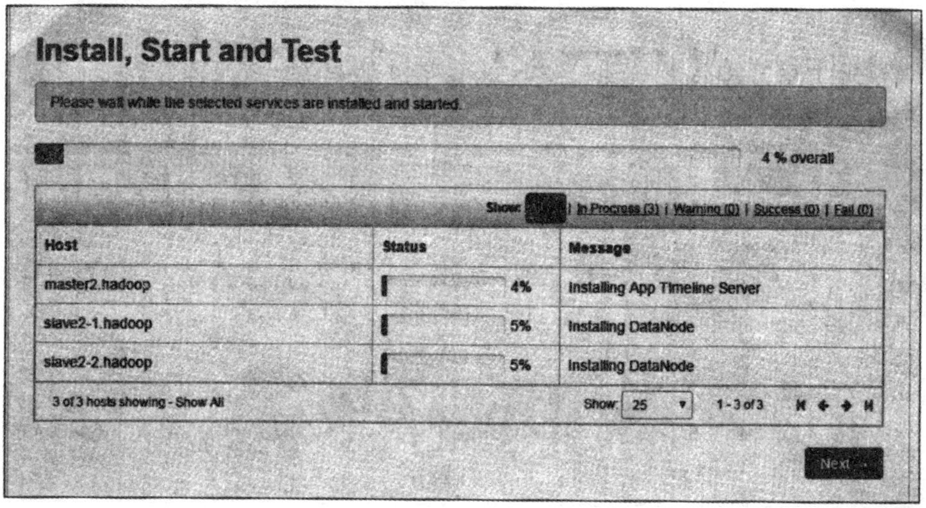

图 3-41 集群部署界面

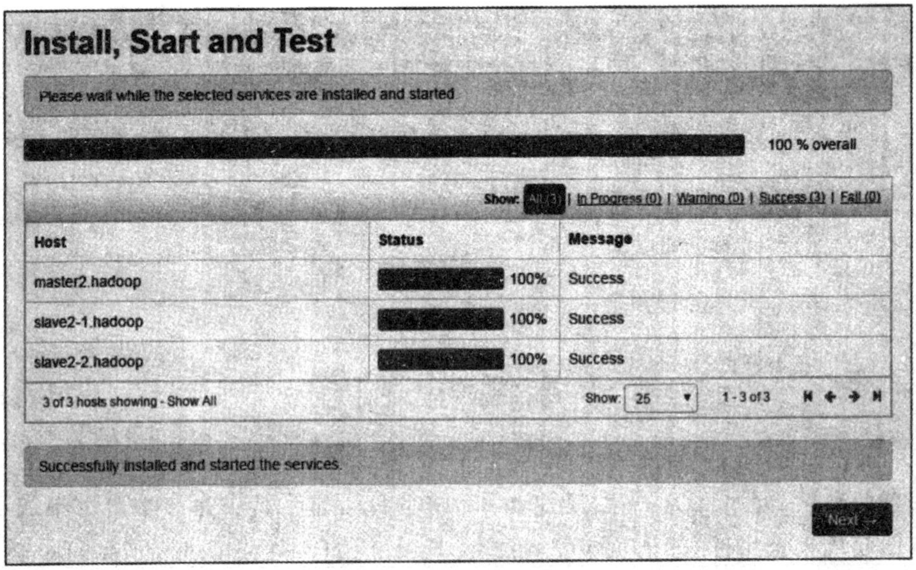

图 3-42　集群部署成功界面

8. 部署成功

可以查看整个集群的状态，界面直观，如图 3-43 所示。

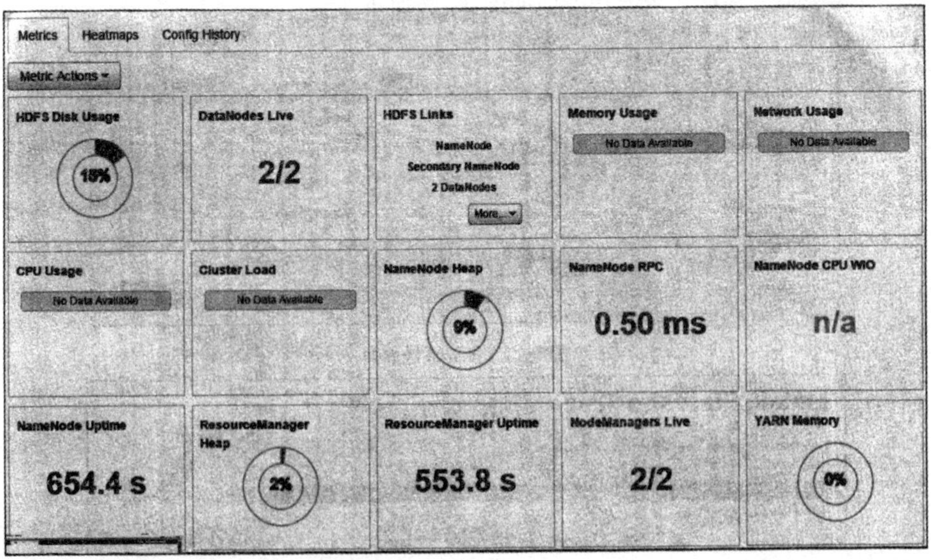

图 3-43　集群运行状态报表

# 第 4 章　大数据分析并行化算法研究

## 4.1　内容概述

大数据分析基础算法（如机器学习与数据挖掘算法）在行业大数据分析应用与智能化服务中发挥着重要作用，是众多大数据分析应用落地的关键技术。然而，传统的机器学习和数据挖掘算法在处理大数据时有很多技术挑战。在数据集较小时，计算复杂度低的使用机器学习和数据挖掘算法可以有效工作，但当数据规模增长到数百 TB 规模或者 PB 级规模时，传统的串行化算法时间开销增长很大，使算法不能在实际场景中工作。因此，除了寻找计算复杂度较低的新算法以及降低数据尺度等方法外，一个重要方法就是研究大数据机器学习与数据分析并行化算法。

大数据机器学习与数据分析算法的并行化设计并无统一标准的方法，而是要根据具体的算法进行特定的并行化优化设计。一般性较为简单的机器学习和数据分析算法的并行化设计相对较为容易，但复杂的机器学习和数据挖掘算法的并行化设计相对较为困难。本章通过研究并设计实现典型的、较为复杂的大数据分析并行化算法设计案例，探讨基于主流大数据处理平台进行机器学习与数据分析算法并行化设计与计算性能优化方法。

在具体的并行化分析算法设计研究案例中，首先，针对数据挖掘领域中大规模神经网络训练性能低下的问题，研究实现了一个定制化的大规模神经网络训练并行化算法与计算平台 cNeural；其次，针对在搜索引擎和信息检索领域中重要的排序学习（Learning To Rank）算法 GBRT(Gradient Boosting Regression Tree) 训练耗时较长的问题，研究提出了基于 K–Means 直方图近似算法优化的加速方法及并行化算法；最后，针对语义网推理领域中 RDFS 和 OWL 规则推理在大规模语义数据上推理耗时过长的问题，研究实现了基于 Spark 并行计算平台的高效并行化推理方法与算法。

本章的组织结构如下：首先，将介绍定制化的大规模神经网络的并行化训练算法与系统 cNeural；其次，讨论分析大规模 GBRT 算法优化及并行化；最后，将介绍基于 Spark 平台的大规模 RDFS 和 OWL 语义规则推理算法与系统 Cichlid。

## 4.2　神经网络训练并行化算法

### 4.2.1　研究背景与问题

随着现实生活中数据量的爆炸式增长，大规模机器学习与数据分析在智能服务应用开发中的作用越来越重要。神经网络模型作为一种基础的机器学习算法被广泛应用于众多领域，如蛋白质结构分析、语音识别、图像信号处理、手写识别等。因此，研究神经网络模型在大数据集上的训练算法具有重要的应用价值。

神经网络训练是兼具计算密集型和数据密集型的计算任务。一方面，完整的训练流程多达几千轮迭代计算，整个过程计算量巨大、时间开销很长；另一方面，为了训练出高精度的模型，神经网络应用越来越多地使用大规模训练数据集。这两方面因素导致在普通单机上的传统训练过程需要几天甚至几周才能完成，难以达到大规模神经网络应用的时效性要求，极大地限制了神经网络模型在复杂的大数据分析应用问题中的使用。因此，需要研究支撑大规模数据集分析的神经网络并行化训练算法和系统。

本节研究提出并设计实现了定制化的大规模神经网络训练并行化算法与系统平台 cNeural。在 cNeural 中，整个神经网络的训练流程分为两大阶段：训练数据载入和训练过程执行。

首先，cNeural 系统基于 HBase 实现大规模训练数据的分布式存储。为了减少训练数据载入阶段的耗时，采用内存计算的设计思想，在需要使用相关数据集时，以并发模式高效地将大规模训练数据读取载入到集群的分布式内存中。

其次，为了支持神经网络训练算法的快速执行，针对神经网络模型训练的迭代式计算模式，cNeural 研究实现了基于内存计算的高效神经网络迭代训练并行化计算框架。该框架提供了一体化的大规模训练数据集的存储管理与并行化计算处理能力。

cNeural 系统的计算框架采用主从式构架。在并行化训练计算过程中，训练计算节点需要和主控节点同步以完成整个训练流程。在同步通信实现上，cNeural 采用具有高效通信性能和丰富数据结构的 ApacheAvro 定制化实现了一个事件驱动的消息通信框架。cNeural 可以部署在通用的商用服务器集群、AmazonEC2, 甚至常见的用以太网相连的 PC 集群上。

### 4.2.2　神经网络训练算法

首先，介绍广为使用的神经网络模型训练算法——后向传播算法（Backpropagation Algorithm)。

"前向传递，后向传播"神经网络模型是最常用的神经网络模型之一。通过后向传播算法训练的三层前向神经网络模型（如感知机），在隐藏层神经元数目足够的情况下，可以以任意精度近似逼近任何连续的非线性函数。因此，这里以三层感知机为例介绍相关的训练算法。

三层感知机的神经网络结构如图 4–1 所示。它包含一个输入层、一个隐藏层和一个输出层。同层中的神经元互不相连，而相邻两层间的神经元彼此全连接。

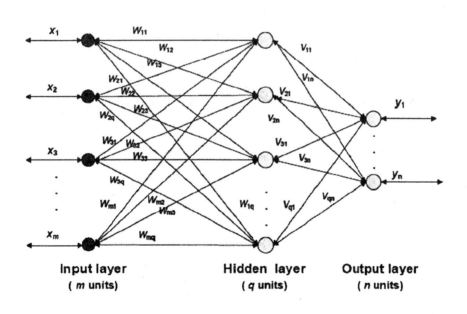

图 4–1　三层感知机的神经网络结构

采用梯度下降技术的后向传播算法是训练多层前向神经网络最常用的有监督训练算法之一。后向传播算法包含三个阶段：前向阶段、后向阶段、迭代与终止阶段。

1. 前向阶段

在前向阶段，输入层获取到输入信号并将其传递到隐藏层中的每个神经元。然后，隐藏层处理这些信号并将处理结果传递到输出层。对于一个输入向量 $X = (x_1, x_2, ..., x_m)$，隐藏层中每个神经元的输入和输出信号标记为 $u_j$ 和 $h_j$，这两个信号分别由公式（4.1）和公式（4.2）算出。

$$u_j = \sum_{i=1}^{m} W_{ij} x_i + \theta_j \quad j = 1, 2, ...q \tag{4.1}$$

$$h_j = f(u_j) = \frac{1}{1 + \exp(u_j)} \quad j = 1, 2, ...q \tag{4.2}$$

其中，$W_{ij}$ 是输入层神经元 $i$ 和隐藏层神经元 $j$ 之间的权重，$\theta_j$ 是偏置。

输出层从隐藏层获取到信号之后同样需要进行后续处理。输出层神经元的输入信号 $l_k$ 和输出信号 $c_k$ 分别由公式（4.3）和公式（4.4)计算得出。

$$l_k = \sum_{j=1}^{q} V_{jk} h_j + \gamma_k \qquad k-1, 2, ..., n \tag{4.3}$$

$$c_k = f(l_k) = \frac{1}{1 + \exp(-l_k)} \qquad k = 1, 2, ..., n \tag{4.4}$$

其中，$V_{jk}$ 是隐藏层神经元 $j$ 和输出层神经元 $k$ 之间的权重，$\gamma_k$ 是偏置。

至此，前向过程的信息处理流程结束。在前向过程中，神经网络模型权重 $W$，$V$ 和偏置 $\theta$，$\gamma$ 并不发生变化。如果前向处理得出的神经网络最终输出信号与真实信号一致，那么下一个输入向量将被输入到该神经网络并开始新一轮的前向过程。否则，该算法将进入后向过程。这里将神经网络的最终输出信号和真实信号之间的差值称为偏差。

2. 后向阶段

在后向过程，首先将采用公式（4.5）计算出每个输出层神经元的 $d_k$ 偏差，然后进一步利用公式（4.6）计算出每个隐藏层神经元 $e_j$ 的偏差。

$$d_k = (y_k - c_k) c_k (1 - c_k) \quad k = 1, 2, \tag{4.5}$$

$$e_j = \left( \sum_{k=1}^{n} d_k V_{jk} \right) h_j (1 - h_j) \quad j = 1, 2, \tag{4.6}$$

偏差从输出层反向回馈到隐藏层。通过这种偏差后向传播方式，利用公式（4.7）更新输出层和隐藏层的连接权重。进一步利用公式（4.8)更新隐藏层与输入层之间的连接权重。

$$\begin{aligned} V_{jk}(N+1) &= V_{jk}(N) + a_1 d_k(N) h_j \\ \gamma_k(N+1) &= \gamma_k(N) + a_1 d_k(N) \end{aligned} \tag{4.7}$$

$$\begin{aligned} W_{ij}(N+1) &= W_{ij}(N) + \alpha_2 e_j(N) \\ \theta_j(N+1) &= \theta_j(N) + \alpha_2 e_j(N) \end{aligned} \tag{4.8}$$

在上述公式中，$i = 1, 2, ...m$；$j = 1, 2, ..., q$；$k = 1, 2, ..., n$。$\alpha_1$ 和 $\alpha_2$ 是取值范围

在 0~1 的学习率。$N$ 表示当前训练轮数的编号。

后向传播算法有两种训练模式：在线训练和批量训练。对于在线训练模式而言，每轮训练采用一条样本，训练样本是一条接着一条处理的。对于批量训练模式而言，每轮训练采用一批样本，同一轮中每个样本生成的 $\Delta W$（$\Delta W$ 表示两轮之间的 $W, V, \theta, \gamma$ 偏差）将被累加，累加后的 $\Delta W$ 将一起用于修正模型权重。

3. 迭代与终止

整个训练过程将迭代进行，直到达到训练终止条件。常用的两个终止条件是模型的均方误差达到预设阈值，以及训练迭代轮数达到设置的最高值。事实上，为了计算出所有样本产生的偏差，整个训练数据集都需要作用在神经网络上进行上述训练流程。当需要处理的训练数据集规模较大时，传统的串行处理比较耗时，因此，需要并行化加速处理。

## 4.2.3 神经网络并行化训练方法与计算框架

1. 神经网络并行化训练方法

（1）并行化训练策略

加速神经网络训练的并行化方法有很多，可分为两大类：基于模型的并行化和基于训练数据的并行化。

基于神经网络模型的并行化是面向神经网络结构的一种并行化方式，也称为神经网络节点的并行化。这类方法将神经网络中的神经元映射到不同的计算节点上，通过流水线的方式并行处理，每个计算节点只负责一部分神经网络模型的训练。

另一类并行化策略称为基于训练数据集的并行化。在该并行化策略中，训练数据集被切分为多个训练子集分发给不同的计算节点处理。每个计算节点都有一个完整的本地化神经网络模型，并通过批量训练的方式对本地模型进行整体更新。

不同的并行化策略适用于不同的场景。神经网络节点并行化策略中每个训练样本需要在计算节点间传递，以完成整个神经网络模型的训练。这种方法适用于训练数据集较小、训练网络模型较复杂的场景，而且适合在多核或众核等内部计算模块通信开销相对较小的并行计算平台上实现。如果在分布式平台上实现该并行化策略，整个系统的性能会因网络通信开销过大导致计算性能严重降低。因此，神经网络节点并行化策略不适合应用在大规模数据的分布式计算环境中。

训练数据集并行化策略中每个训练数据子集是在一个独立的计算节点上处理的。独立训练过程中不需要在多个计算节点间传递大规模训练数据集，因此训练数据集并行化的策略能够减少大量的训练数据网络通信开销，适合在分布式计算平台上实现。

（2）基于数据集并行化策略的训练计算框架

为了减少大量数据存取和网络通信的时间开销，cNeural 采用训练数据集并行化策略作为系统基本的并行化方法。基于数据并行化策略，研究提出分布式并行化训练计算框架，并基于该框架实现后向传播算法的并行化。cNeural 系统的并行计算框架采用主从式构架，它包含 1 个主节点（Master Node) 和 $n$ 个计算节点（Computing Node)。

cNeural 主节点的主要工作是协同调度整个训练过程。训练的计算过程在计算节点上进行，每个计算节点的内存中存放本地训练数据子集。训练开始前，训练数据集被切分成若干个子集并被载入到计算节点的内存中。每个计算节点包含完整的神经网络，并且负责本地训练数据子集的训练。cNeural 的整个训练并行化计算框架与并行化训练处理流程见图 4-2，主节点和计算节点先各自完成初始化。初始化完成后，主节点将发送初始模型参数 $W$ 到所有计算节点。当接收到 $W$ 之后，每个计算节点就开始基于本地训练数据子集进行模型训练。

本地训练过程主要包括对每个样本执行前向计算和后向训练，并累加每个样本训练得出的模型偏差 $\Delta W_{local_i}$。当计算节点结束本地训练任务后，会将 $\Delta W_{local}$ 发送到主节点。

在主节点端，接收到所有计算节点发送的 $\Delta W_{local}$ 后，它将所有的 $\Delta W_{local}$ 累加至上一轮的 $W$ 整体更新模型参数。

整个训练流程是迭代式的，每轮训练结束后，主节点还将负责检查是否达到训练终止条件。如果达到，将终止整个训练工作，否则将继续开始下一轮训练。

2. 大规模训练数据的存储管理

载入和传输大规模训练数据集的耗时是训练流程最主要的开销之一。本节将介绍 cNeural 中设计的支持大规模训练数据集高效载入和快速迭代训练的数据存储管理机制。

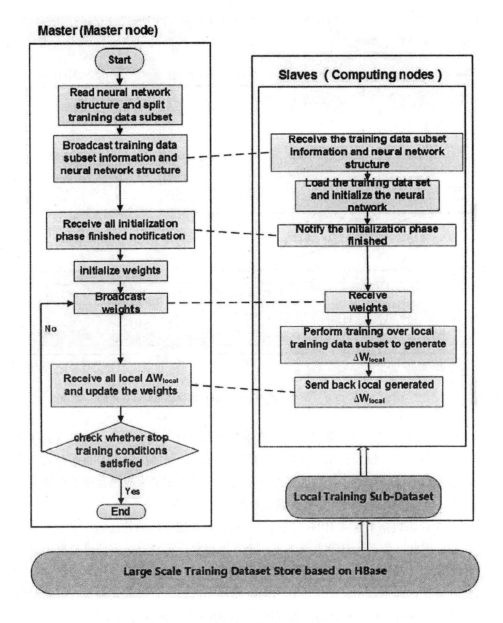

图 4-2　cNeural 训练流程图（虚线表示同步点）

　　cNeural 的训练数据存储管理模型如图 4-3 所示。cNeural 采用 HBase 存储大规模训练数据集。HBase 是模仿 Google BigTable 开发的高效的分布式数据存储系统。训练数据集以数据库表的形式组织存放在 HBase 中，每个样本是表中的一行，样本的编号是该行的 RowKey，样本的数据内容存在该行的 Content 字段中。底层物

第4章　大数据分析并行化算法研究

O8I

理存储方式上，整个训练数据集是以多个分片（Region）的形式分布式存储在集群上的，并支持并发访问。

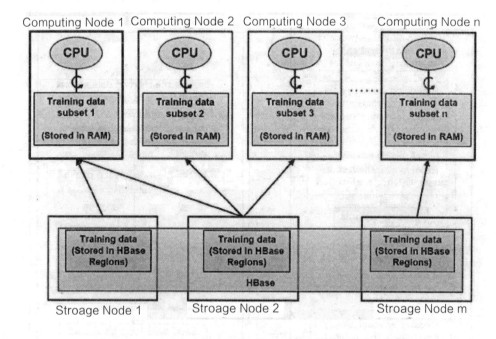

图 4-3　cNeural 中的大规模训练数据集存储模型和载入机制

通过上述方法，即使是包含几十亿样本的大规模训练数据集也可以很容易地被存储管理。训练流程初始化阶段，计算节点可以并发地从不同 HBase 存储节点上读取对应的训练数据子集。底层的分布式存储不仅解决大规模数据的存储管理问题，还能以并发访问的方式减少训练数据载入的时间开销。

每个训练数据子集从 HBase 载入到本地后，在数千轮的迭代训练中会被频繁地访问。因此，每个计算节点设置了一个本地缓存，可将对应的训练数据子集载入到本地内存或磁盘中。当训练子集不能全部放置在内存中时，计算节点也会将其部分放在本地磁盘中，而不再从 HBase 跨网络读取。这种存储和载入机制避免了频繁地跨网络读取大规模训练数据集，从而能够有效地提升训练性能。

### 4.2.4　系统总体设计与实现

1. 系统总体框架

本节展示了 cNeural 并行化训练系统的总体框架和运行过程，如图 4-4 所示。cNeural 包含 4 个主要模块：客户端（Client Node）、主节点（Master Node）、计算节点（Computing Node）、HBase 存储层。各模块的设计和运行原理如下所述。

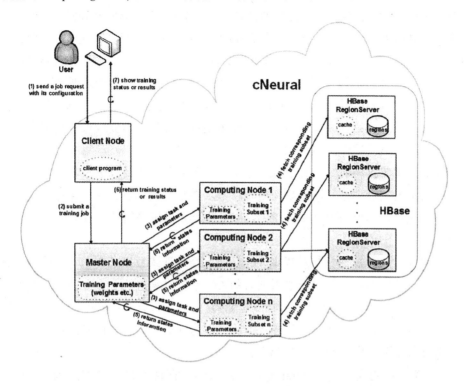

图 4-4　cNeural 系统的总体框架概览与运行流程示例

2. 系统核心模块设计

（1）客户端。在向 cNeural 系统提交作业之前，用户需要先设置作业的训练参数，包括：输入训练数据集在 HBase 中的表名、神经网络模型的结构（隐藏层的个数、各层的神经元数目以及训练终止条件）等。当完成设置后，客户端（Client Node) 打包程序向主节点提交该训练作业。如果顺利提交，客户端将监测作业在 cNeural 系统中的训练状态并等待最终训练结果。

（2）主节点。主节点（Master Node) 负责管理和协调整个作业的训练过程。当收到客户端提交的训练作业后，主节点会根据训练数据集规模和计算节点数目为该作业生成若干个训练任务。通常，训练数据集会被切分为 $n$ 个训练数据子集。每个训练任务负责一个训练数据子集的训练。

在实现中，cNeural 系统的每个物理机器可以同时运行 $k$ 个计算节点。$k$ 取决于机器的 CPU 核数以及内存大小。$k = \min\{core\_number, memory\_capacity / quota\}$，其中 $quota$ 表示计算节点缓存数据的单位配额，该参数可以配置。

完成训练任务的生成与对应的计算节点分配后，主节点将负责指示并同步各个训练任务的运行。首先，主节点将通知各个计算节点完成训练子集的加载和缓存。数据的加载和缓存过程在多个计算节点和 HBase 存储节点之间并发进行。当收到所有计算节点操作完成的消息后，主节点将开始协调同步各个计算节点的并行训练流程。主节点还负责向客户端节点汇报整个训练作业的完成进度和最终训练结果。

（3）计算节点。计算节点（Computing Node）的主要工作是执行训练任务。当接收到训练任务时，计算节点首先初始化本地的神经网络，完成训练数据子集的载入和缓存，然后通知主节点相关初始化工作已完成。当所有计算节点完成初始化工作后，主节点将通知计算节点开始训练。此后每一轮计算节点都在对应的训练数据子集上进行训练并同步更新模型参数。在整个训练过程中，计算节点将把训练数据缓存在本地的内存或磁盘中，以避免反复通过网络从远程 HBase 存储节点获取。

在具体的训练算法执行过程中，计算节点会对训练数据子集的每个样本计算出 $\Delta W_{local_i}$ 并进行累加，所有样本累加后的 $\Delta W_{local}$ 将被发送至主节点。主节点根据各个计算节点的 $\Delta W_{local}$ 更新模型参数。然后，主节点将更新后的模型参数广播至各个计算节点进行更新并开启下一轮训练。当达到训练终止条件时，各个计算节点上结束训练任务并释放相关计算资源。

（4）HBase 存储层。cNeural 系统使用 HBase 存储管理大规模训练数据集。HBase 中的每个 Region 服务器（Region Server）都可以独立地与计算节点交互通信，并控制数据传输过程，而不需 HBase 主节点的干涉。每个训练数据集都被组织成一张包含很多分片（Region）的 HBase 表。这些分片分布存储在多个 Region 服务器中，并且可以通过程序指定其移动到相应的 Region 服务器上。在 cNeural 中实现了数据表的自动负载均衡功能，使一张表的 Region 存储到各个 Region 服务器中，从而提高训练数据载入的并发度。

3. 系统主要特性

基于分布式构架的 cNeural 的重要特性如下。

（1）大规模并行化训练。cNeural 基于分布式架构实现了一套并行化的训练算法，能够支持大规模数据集的并行化训练。相比于串行算法，并行化训练算法在处理大规模数据时能够取得更高效的训练性能。此外，cNeural 还支持大规模训练数据的并发载入，尽量减少大规模训练数据集载入的耗时。

（2）基于内存计算的迭代计算加速。cNeural 针对神经网络训练的迭代计算模式，设计了用于缓存训练数据的本地缓存层。通过将迭代计算中常访问的数据缓存在本地内存或磁盘中，可以减少在迭代训练过程中跨网络数据访问开销，从而加速整个训练过程。

（3）高可扩展性。cNeural 是基于集群的大规模分布式训练计算框架，因而具有良好的系统可扩展性。当有新的机器加入 cNeural 系统中，新的计算节点在系统重启后会立即分配到一部分训练任务。当有越多的计算节点加入到系统，每个计算节点的处理任务耗时会越短。

（4）支持错误恢复。大规模神经网络训练整个过程可能会比较耗时，为了在异常因素（节点失效等）出现时系统重启后不需从头训练，cNeural 设计了一套Checkpoint 错误恢复机制。每轮训练结束时，cNeural 将最新的模型参数存储到日志文件。当出现计算节点崩溃，cNeural 只需重启作业并从日志文件中读取最新的参数继续训练。通过这种方法，整个训练工作可以从失效时的进度点继续进行，而不需要完全从头开始训练。

（5）支持负载均衡。负载均衡能够避免集群中某些节点因负载过高而成为拖后腿者 (Straggler)。cNeural 可以合理利用集群各节点资源，从而达到整个集群节点使用的负载均衡。计算节点是 cNeural 中逻辑计算资源概念，实际部署中一台物理机器可以根据硬件资源情况配置运行不同数目的计算节点。在异构集群中，不同的机器会根据其硬件资源运行不同数量的计算节点。cNeural 通过合理地设置集群服务器中的计算节点数量控制每个服务器的运行任务负载，从而实现整个系统的负载均衡。

## 4.2.5  性能评估

本节评估 cNeural 并行化训练算法和系统的性能。一个 cNeural 作业包含两个运行阶段：大规模训练数据的载入阶段和并行化训练算法的执行阶段。因此，设计了两组实验分别评估这两个阶段的性能情况。此外，设计了一组性能对比实验以评估 cNeural 和提出的基于 MapReduce 并行化神经网络训练方法的性能。

1. 实验环境及数据集

实验在 37 个节点的集群上进行，1 个节点作为主节点，其他 36 个节点作为从节点。每个节点都配置两块 IntelXeonQuad2.4GHz 的处理器，24GB 内存以及两块 2TB7200RPMSATA 硬盘。所有的节点都通过 1 GB/s 以太网互联，都安装了内核版本为 2.6.32 的 RedHatEnterpriseLinux6 操作系统和 Ext3 的文件系统。集群安装的 Hadoop 版本是 1.0.3，HBase 的版本是 0.92，Java 的版本是 1.6。

（1）数据集和神经网络配置。实验采用包含 200 万训练样本的 MNIST 训练数据集。MNIST 数据集是用于训练手写识别系统的手写数字数据集。每个数字样本包含 784 个经过归一化处理的特征，样本的类别从 0 到 9。

实验分别选用了包含有 50 万、100 万和 200 万三种规模的 MNIST 训练数据，压缩编码后的物理大小分别是 1.2 GB、2.4 GB 和 4.8 GB。训练过程中需要对数据集解码，大小会扩大 3~5 倍，最大达到 20 GB。实验采用的神经网络模型是一个三层感知机，网络结构为 784–40–10，意味着输入层包含 784 个神经元，隐藏层包含 40 个神经元，输出层包含 10 个神经元。

（2）训练系统设置

cNeural：客户端节点和主节点都运行在同一台服务器上。每个从节点服务器运行 8 个 cNeural 计算节点，因此 cNeural 系统总计部署了 288 个计算节点。其中，每个计算节点配置 2 GB 内存，足够缓存训练数据子集。数据存储方面，每个节点服务器都安装部署了 HBase。

对比 MapReduce 并行化方案：主节点服务器运行 Hadoop Job Tracker 和 HDFS Name Node 进程。剩下 36 个从节点服务器同时运行 TaskTracker 和 DataNode。每个机器都配置有 8 个 CPU 核，因此一共有 288 个任务槽数。其中，每个槽的 Child JVM Heap 大小同样配置为 2 GB。

2. 训练数据的载入性能评估

这组实验中 cNeural 分别部署在 1，2，4 至 36 台机器上（每台服务器包含 8 个计算节点），并且选取了三种不同的数据规模。内部的 HBase 包含 36 个 RegionServer。在数据载入过程中，计算节点并发地从 HBase 中读取数据。

图 4–5 中的曲线显示了数据载入耗时随着训练样本数目变化的情况。其中，在一台机器上载入 200 万训练样本的实验受限于单机配置资源有限而未能执行成功。明显看到，随着训练样本数的增加，数据载入的耗时也在增加。当训练样本数固定时，数据载入的速度与机器数量呈近线性增长。因为 cNeural 训练数据集存储系统 HBase 提供了并发数据访问能力，当有新机器加入时，系统会分摊一部分负载到新的机器上。然而，当机器数量增加到一定程度时（如在 100 万个样本情况下增加到 20 台机器），数据载入的性能就难以进一步提高了。因为系统的网络通信开销、存储节点上的 I/O 的性能已经饱和。

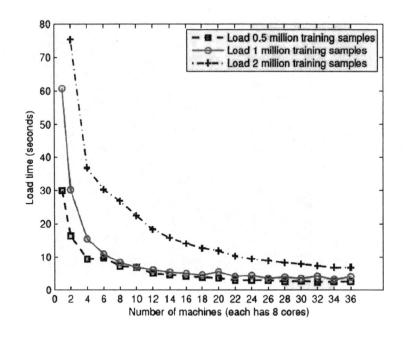

图 4-5　cNeural 系统的训练数据载入性能

　　为了获得精确的模型，神经网络需要进行多达几千轮的迭代训练，而 cNeural 中计算节点只需要从 HBase 载入数据一次。图 4-6 显示了载入数据的耗时占比随着训练轮数变化的情况。由于只需载入一次，因此载入数据的耗时是固定的。随着训练轮数的增加，训练数据载入的耗时占比会降低。在使用 36 台机器、训练轮数达到 200 时，训练数据载入的耗时占总执行时间的比例仅为 0.3%。这表明 cNeural 的数据载入耗时是非常低的。

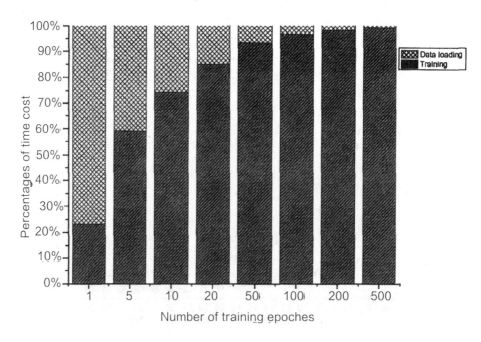

图 4-6　不同迭代轮数下的数据载入和训练执行的耗时占比

3. 训练流程执行的性能评估

图 4-7 展示了并行化训练算法的执行性能。可以看到，在相同机器数的情况下，训练 50 万样本的速度几乎比训练 100 万样本时快一倍，比训练 200 万样本时快 3 倍。这表明了本书采用的并行化算法具有近线性的可扩展性。

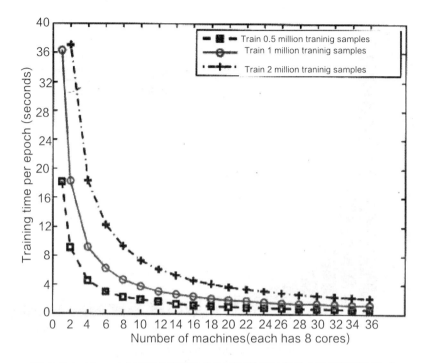

图 4-7　cNeuml 在不同规模训练集和不同数目计算节点的每轮训练耗时

　　从另一个角度看，固定训练数据大小，使用更多的机器，实验结果表明，
cNeural 的训练速度也得到了提升。对于 100 万的训练样本，使用 2，4，8，16 和
32 台机器的训练耗时分别是 18.3 秒、9.2 秒、4.7 秒、2.4 秒和 1.3 秒，几乎是减
半式的下降。这表明 cNeural 在并行化训练算法执行上取得了很好的性能加速比。

　　当采用不同机器数时，cNeural 训练执行过程中的通信耗时和计算耗时对比如
图 4-8 所示。当采用更多的机器时，通信耗时将会增加。但是，通信耗时占比很
小，并且总体执行时间不断降低。

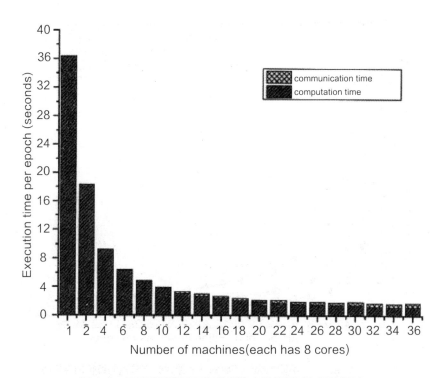

图 4-8　不同机器数目下每轮训练中计算耗时和通信耗时

4. 性能对比实验

实验在大规模数据集上对比了 cNeural 和提出的基于 MapReduce 并行化神经网络训练方法的性能。采用 HDFS 存储大规模训练数据，并用 MapReduce 完成并行化训练。对比实验在相同数量的机器和同等规模的训练集上进行。另外，对两个系统的训练执行速度的可扩展性也进行了评估对比，见表 4-1。

表4-1　基于MapReduce的方法和cNeural训练100万样本的执行时间对比

| #Machine | MapReduce | cNeural | Speedupratio |
|----------|-----------|---------|--------------|
| 1 | 784.0 | 36.3 | 21.6 |
| 6 | 177.0 | 6.3 | 28.2 |
| 12 | 107.0 | 3.1 | 34.1 |
| 18 | 95.0 | 2.4 | 40 |
| 24 | 82.0 | 1.6 | 50.5 |

| #Machine | MapReduce | cNeural | Speedupratio |
|----------|-----------|---------|--------------|
| 30 | 79.0 | 1.4 | 57.9 |
| 36 | 60.0 | 1.2 | 52.2 |

可以看到，cNeural 在同等环境下比 MapReduce 方案训练速度快近 50 倍。性能提升主要归功于两个方面：首先，cNeural 将训练数据缓存在计算节点内存中不需要反复加载，而 MapReduce 的方案每轮迭代计算完后需要将数据写回磁盘，进行下一轮时再从磁盘读出。其次，在消息通信机制方面，cNeural 采用事件驱动的通信机制，而 MapReduce 方案内部采用心跳轮询机制。基于事件驱动的通信机制使训练流程更加紧凑高效。

通过调整机器数量评估两个方案的可扩展性，实验结果如图 4-9 所示。一方面，两种方案在 10 台机器之内都取得了近线性的加速比；另一方面，当机器数量超过 10 台之后，MapReduce 难以保持近线性加速，而 cNeural 可以继续取得近线性的加速性能。

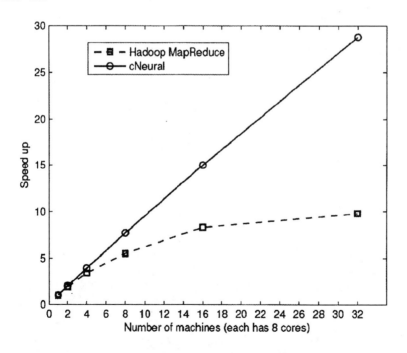

图 4-9　cNeural 和 MapReduce 方案在不同机器数目下的加速比

第 4 章　大数据分析并行化算法研究

## 4.3　基于 K-Means 直方图近似大规模 GBRT 并行化算法

大数据时代，行业和互联网的文档数据量增长迅猛。快速增长的文档信息量带来了高效检索信息的需求。搜索引擎的核心技术是排序（Ranking），具体地对文档集合中的文档按照某种标准进行排序或排名，使对用户"最好的"（通常指"相关度高"）结果出现在最前面。对于文档检索而言，检索结果的排序对检索精度和用户体验影响很大。因此，排序是信息检索和搜索引擎中的重要技术。此外，其他的重要的智能化系统应用也均涉及排序处理。

### 4.3.1　基于 K-Means 直方图近似的 GBRT 并行化训练算法

#### 1. 问题分析

考虑到 Gradient Boosting 框架本身的串行性，本节重点是提升单棵树的训练效率。对于单棵回归树而言（见图 4-10），其训练过程中最耗时的步骤是寻找最佳分裂点。因此，重点讨论如何提升训练过程中最佳分裂点选择的执行效率。针对该问题，本书提出了基于 K-Means 直方图近似的树构建方法，以避免全局排序扫描数据的巨大时间开销。下面对该算法原理及其并行化思路进行介绍。

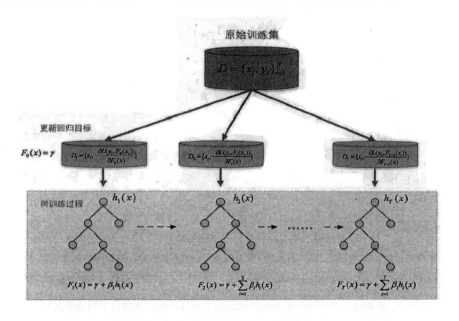

图 4-10　GBRT 回归树的训练流程

## 2. K-Means 直方图构建

首先，定义一个树节点 $T$ 内的训练数据 $D = \{(x_1, y_1),(x_2, y_2),\ldots,(x_N, y_N)\}$，其中 $x_i$ 为特征值，$y_i$ 为回归标签值。分裂点 $x$ 可分出两个数据集 $D_1 = \{(x_i, y_i)|x<x'\}$ 和 $D_2 = \{(x_i, y_i)|x\geq x'\}$。其中，最优的选择是根据异质性度量决定的，具体评判标准为公式 4-9：

$$x_{best} = \min_{x'}\left[\sum_{y\in D_1}(y-\bar{y}_L)^2 + \sum_{y\in D_2}(y-\bar{y}_R)^2\right] \tag{4.9}$$

进一步由公式 4.9 可推导出公式 4.10。其中，$Y_L(Y_R)$ 是 $D_1(D_2)$ 中回归标签值的和，$n_L(n_R)$ 表示 $D_1(D_2)$ 中样本的个数。因此，该问题转化为给定一个分裂点，如何快速地计算出其 $Y_L(Y_R)$ 和 $n_L(n_R)$，从而可以计算出其评价指标。

$$
\begin{aligned}
x_{best} &= \min_{x'}\left[\sum_{y\in D_1}(y-\bar{y}_L)^2 + \sum_{y\in D_2}(y-\bar{y}_R)^2\right] \\
&= \min_{x'}\left[\sum_{i=1}^{nL}\left(y_i^2 - 2y_i\bar{y}_L{}^2\right) + \sum_{i=mL+1}^{nL+nR}\left(y_i^2 - 2y_i\bar{y}_R + \bar{y}_R{}^2\right)\right] \\
&= \min_{x'}\left[\sum_{i=1}^{nL}\left(-2y_i\frac{Y_L}{n_L} + \left(\frac{Y_L}{n_L}\right)^2\right) + \sum_{i=mL+1}^{nL+nR}-2y_i\frac{Y_R}{n_R} + \left(\frac{Y_R}{n_R}\right)^2\right] \\
&= \min_{x'}\left[\frac{Y_L^2}{n_L} - 2\frac{Y_L}{n_L}\sum_{i=1}^{nL}y_i + 2\frac{Y_R}{n_R}\sum_{i=mL+1}^{nL+nR}y\right] \\
&= \min_{x'}\left[\frac{Y_L^2}{n_L} - \frac{Y_R^2}{n_R}\right]
\end{aligned} \tag{4.10}
$$

为了解决这个问题，在直方图近似方法的基础上，进一步提出了结合 K-Means 思想和核密度估计（见图 4-11）的回归树训练算法。K-Means 直方图的构建过程如算法 4.1 所示。图 4-12 中描述了该算法的操作示意图，其中每个样本加进来的时候都会选择离自己最近的桶，并在添加进去后更新桶的中心值。

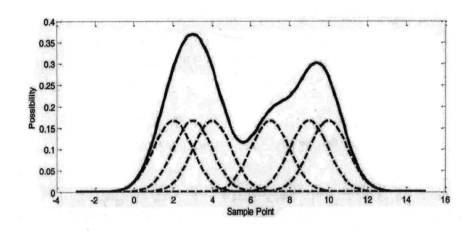

图 4-11　核密度估计

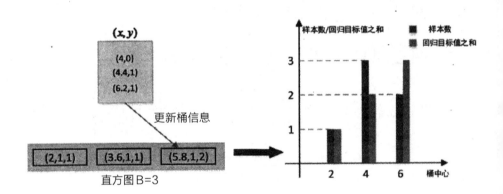

图 4-12　基于 K-Means 思想的直方图构建示意图

算法 4.1　K-Means Histogram Construction

**Input:**

 The input dataset $D=\{(x_i,y_i)\}_{i=1}^{N}$, $x_i$ is the one-dimensional feature value and $y_i$ is the regression target; number of bins in histogram $B$.

**Output:**

The histogram:　$H=\{(b_i,n_i,Y_i)\}_{i=1}^{B}$

Randomly select $B$ instances from the dataset to initialize the histogram as:

$H=\{(b_i,1,Y_i)\}_{i=1}^{B}$　, where　$b_i$　is the feature value used to initialize the bin and　$y_i$　is the corresponding regression target value.

**For** $i=1$ to $N$-$B$ do

Find the nearest bin center $b_j$ for the $i$th instance $(x_i,y_i)$

 Update the $j$th bin information with:

$$\left(\frac{b_j*n_j+x_i}{n_j+1},\,n_j+1,\,Y_j+y_i\right)$$

**EndFor**

Sort the bins in increasing order according to their bin center.

**Return** the histogram $H$

---

  此外，对于一组直方图，在后续算法过程中需要对其进行合并，直方图合并算法的核心思路是选择所有直方图中两两最近的桶进行合并，逐步进行直到桶的总数目达到设置的值。图 4-13 显示了直方图合并的示意图。

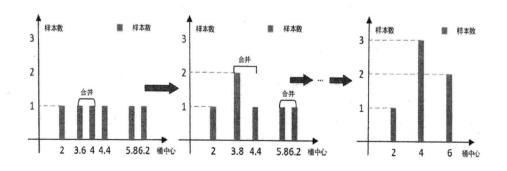

图 4-13　直方图合并流程示意图

### 3. 候选分裂点构造与最佳分裂点选择

在构成直方图之后，首先，为了选择最佳分裂点，需要根据直方图的数据分布产生一组候选分裂点。采用 Uniform 算法产生候选分裂点，该算法能够根据直方图在不同区间的稠密度产生不同数目的候选分裂点，以保障分裂点能够代表原始数据的分布情况。

其次，构造直方图后可以通过核函数密度估计的方法（见图 4-11）得出原始数据分布的概率密度。这样在给定额任意一个候选分裂点时，即可根据概率密度函数积分快速求出 $Y_L(Y_R)$ 和 $n_L(n_R)$ 的估计值，并进一步估算该候选分裂点的好坏。图 4-14 显示了由直方图构造概率密度估计曲线的示意图。

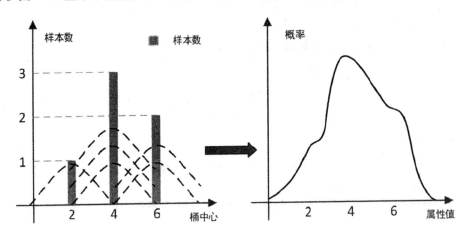

图 4-14　根据直方图估计属性值概率密度函数

### 4. 优化后回归树训练过程与 GBRT 并行化训练流程

采用基于 K-Means 直方图的单棵回归树训练算法流程图，如图 4-15 所示，GBRT 训练过程只需要不断地执行该算法，逐步生成每棵树即可。

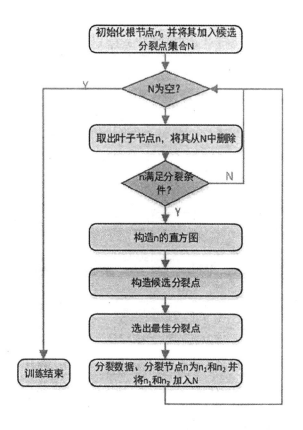

图 4-15 单棵回归树训练流程图

　　算法中最耗时的是扫描整个训练数据集生成直方图的过程,因此本节对这部分进行了并行化加速。并行化的算法训练整体流程图如图 4-16 所示 , 总体思路是将数据划分成很多子训练集,每个 Slave 节点负责对基于一个子训练集训练出一个局部的直方图。局部直方图的生成过程是可以并行的,最后生成的所有局部直方图都发送至 Master 节点,由 Master 节点进行直方图合并、生成候选分裂点、构造概率密度函数、估算分裂点好坏,并最终选出最佳分裂点的操作。

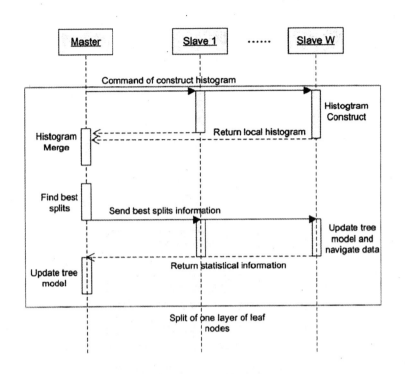

图 4-16　并行化训练流程图

## 4.3.2　性能评估

本节评估优化算法 KH-GBRT 的性能，并和标准 GBRT 算法 (ORIGINAL-GBRT) 以及当前主流的并行化 GBRT 算法 H-GBRT( 也称 pGBRT) 进行参照对比。

1. 实验环境及数据

实验在 9 个节点的集群上进行，每个节点有 64GB 内存和两块 XeonQuad2.4GHz 处理器。集群带宽为 1 Gbps。操作系统为 RedHatEnterpriseLinux6.0，文件系统为 Ext3。使用的 MPI 版本为 OpenMPIvl.8.3。实验中使用的标准公开评测数据集来自 微软 LETOR 数据集以及 YahooLearningtoRankChallenge2011，见表 4-2。

表4-2  实验数据集信息

（a）训练数据集

| TRAINDataset | LETORfold1 | YahooLTRset1 |
|---|---|---|
| #ofDocuments | 723 412 | 4 734 134 |
| #ofFeatures | 136 | 699 |
| #ofQueries | 6 000 | 19 944 |
| AVG#DDocperQuery | 119 569 | 22 723 |

（b）测试数据集

| TESTDataset | LETORfold1 | YahooLTRset1 |
|---|---|---|
| #ofDocuments | 241 521 | 165 660 |
| #ofQueries | 6 000 | 6 983 |
| AVG#DDocperQuery | 119 761 | 22 723 |

### 2. 桶数目对算法精度的影响

从评估桶的数目对算法精度的影响结果（见图 4-17、图 4-18）可以看到，提出的方法的精度受桶数目的影响不大，一般 25 个桶时精度已基本稳定。

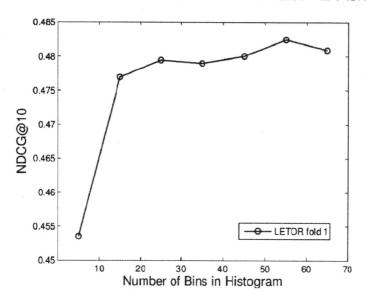

图 4-17  算法精度随桶数目的变化（LETOR 数据集）

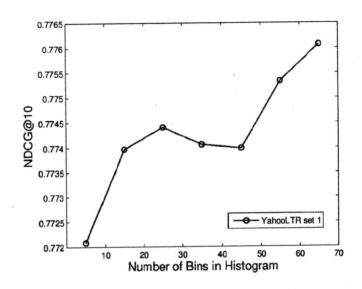

图 4-18　算法精度随桶数目的变化（YahooLTR 数据集）

3. 算法精度对比

横向对比评估优化算法 KH-GBRT 和 H-GBRT、ORIGINAL-GBRT 以及 KH-GBRT without Kernel 的算法精度，以衡量优化算法 KH-GBRT 的效果（见图 4-19、图 4-20）。可以看出，KH-GBRT 取得了最高的精度，且算法收敛速度也更快。

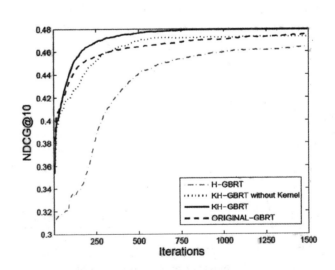

图 4-19　训练算法精度对比（LETOR 数据集）

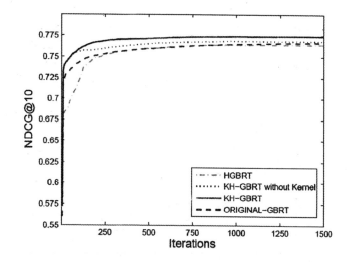

图 4-20  训练算法精度对比（YahooLTR 数据集）

## 4. 可扩展性评估

分别从数据可扩展性和系统可扩展性两方面比较 KH-GBRT 和 H-GBRT( 也称 pGBRT) 在多核以及集群环境下的执行性能。H-GBRT 是主流的高效、高可扩展的 GBRT 并行化训练算法。

（1）多核环境下的对比实验。实验采用一个多核计算节点评估算法性能，数据集为 LETOR fold1（见图 4-21），随着使用的 CPU Core 数的增加，KH-GBRT 取得了近乎线性的加速比。算法的数据可扩展性如图 4-22 所示，两个对比的算法都取得了近线性的可扩展性。

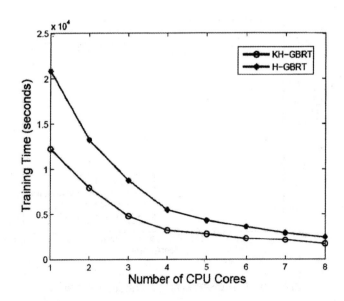

图 4-21　处理器可扩展性能

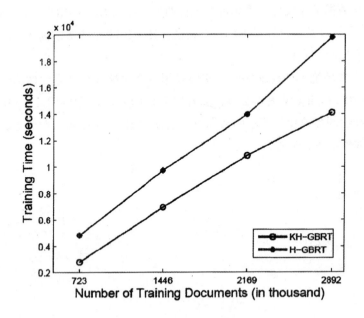

图 4-22　数据可扩展性能

（2）集群环境下的对比实验。在集群环境下首先评估系统可扩展性（见图 4-23），KH-GBRT取得了近乎线性的可扩展性。数据可扩展性结果如图4-24所示，对比的两个算法都取得了近线性的可扩展性。

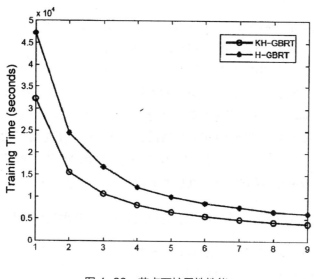

图 4-23　节点可扩展性性能

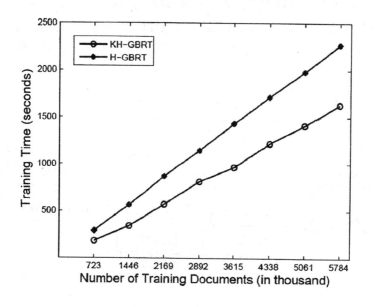

图 4-24　数据可扩展性性能

# 4.4　大规模语义并行化算法

随着知识图谱（Knowledge Graph）应用的日益广泛，语义推理越来越多地在社会网络等领域得到应用，语义数据以数十亿元组的规模大量产生。LOD(Linked Open Data) 项目截至 2012 年 3 月已收集超过 325 亿条三元组语义数据记录。大规模语义数据的快速增长给语义推理的执行效率提出了挑战。为了解决该问题并设计实现了基于 Spark 并行计算平台的高效分布式语义推理算法和系统 Cichlid。

针对大规模 RDFS 规则和 OWL 规则语义推理，提出了包含多项优化技术的并行化算法。实验显示，与现有的基于 MapReduce 的 RDFS 和 OWL 推理引擎相比，Cichlid 的执行效率分别提升了约 10 倍和 8 倍。

## 4.4.1　基于 Spark 的并行化 RDFS 规则推理技术和算法

为了加速大规模语义网数据的 RDFS 规则推理，本节提出了基于 Spark 的并行化 RDFS 规则推理算法（Cichlid-RDFS）。

1. 基于 Spark 的并行化 RDFS 规则推理算法

基于 Spark 并行计算框架，采用 RDD 编程模型对 RDFS 推理进行并行化，算法执行流程如图 4-25 所示。以其中具有代表性的推理规则 7 为例：首先，过滤出符合条件的所有三元组对；然后，根据规则对三元组变换；最后，执行连接推理出的三元组。

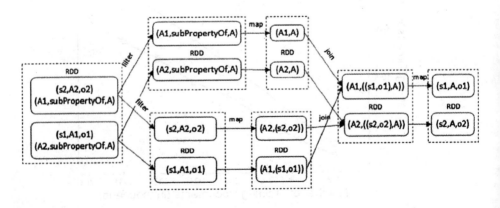

图 4-25　规则 7 执行示例图

由此可见，在 Spark 下整个规则集的执行过程就是不断应用各条规则对 RDD 执行 join、union 和 filter 的过程，如图 4-26 所示。

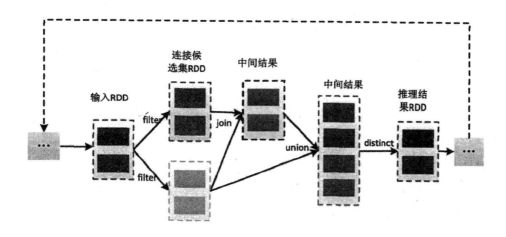

图 4-26　基于 Spark 的并行化 RDFS 推理算法

2.Spark 并行化 RDFS 推理算法的优化

如何在上述基本的并行化算法的基础上进一步优化，以实现一种高效的基于 Spark 的并行化 RDFS 推理算法。

（1）数据划分。RDFS 规则中每条规则最多只能有一个实例三元组。实际应用中本体的数据量非常有限，并且一般不会随着实例数据的增加而增加。因此，在分发数据的时候，可以将小规模本体数据广播到每个计算节点中（见图 4-27）；只需对大规模的实例数据进行水平划分，从而避免大规模实例数据通过网络传输。

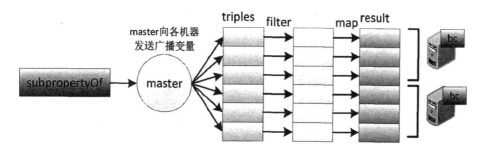

图 4-27　广播变量机制下规则 7 的实现

（2）规则依赖和迭代消除。通过分析规则的依赖关系，采用合理的规则执行次序，使相同的规则不需要重复推理，从而减少计算过程中的迭代。例如，RDFS

的规则 5 执行之后，规则 7 仅执行一次即可。通过规划合理的执行次序，整个推理过程可以简化为单趟处理，能够提升执行效率。

（3）消重策略。对于推理产生的重复数据，Cichlid-RDFS 根据底层的存储管理系统本身具有只保留一份重复数据的特点，只需处理推理结果中的重复数据，无需对原始数据进行消重。

### 4.4.2　基于 Spark 的并行化 OWL 推理技术和算法

1. 推理算法基本框架

更复杂的 OWL 规则集推理算法的并行化。OWL 推理的部分规则与 RDFS 推理类似，故可采用类似的并行化方法和优化手段，但有一些规则推理更为复杂，针对不同的规则特点单独设计了优化手段，规则大致分为下面几类：单个三元组的规则、单实例三元组规则、多实例三元组规则、传递规则、等价规则。

2. 基于 Spark 的并行化 OWL 推理算法的优化

（1）单实例三元组规则连接关系。单实例三元组规则与 RDFS 规则类似，可直接采用上文针对 RDFS 提出的诸多优化规则，这里不再赘述。

（2）多实例三元组规则连接关系。多实例三元组规则包含两个以上实例三元组的推理规则，如规则 15。这类规则推理的执行过程是一个多路链接的过程。如果其中包含本体三元组的连接，则可以采用广播变量优化措施，如果都是实例三元组数据，则需要采用 Spark pre-shuffle 优化策略，减少连接过程中的数据通信量（见图 4-28）。

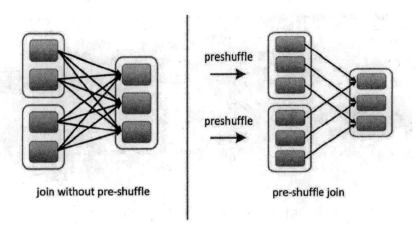

图 4-28　pre-shuffle join 优化示意图

（3）传递规则计算。传递规则 4 的推理本质是计算传递闭包。本节研究实现了基于"连接 – 集合求差 – 合并"的方法解决传递关系中路径重复计算的问题，可将原先需要 N 次的迭代计算降低为 logN 次迭代，该算法基于 Spark 的并行化执行流程如算法 4.2 所示。

算法 4.2 基于 Spark 的并行化 Smart 传递闭包算法

```
Input:传递关系集合 edges          Output:edges 的传递闭包 p
transitive(edges):
    var p =edges
    var q = p
    DO
        val t = q.map(t =>( t._2,t._1).join(q).map(t => (t._2._1,t._2._2))
        q = t.subtract(p)
        val p1 =p.join(q.map(t => (t._2,t._1))).map(t => t._2._1,t._2._2)
        p = p1.union(q).union(p)
    WHILE(p has changed)
```

（4）等价关系。等价关系推理是 OWL 推理中非常昂贵的计算，可能会导致三元组数据量膨胀。采用统一表示技术计算 owl：sameAs 等价关系，把所有的实例都替换为它的统一表示，该方法可在保证信息完整性的同时，得到一个更紧凑的 RDF 图，算法的具体执行流程如算法 4.3 所示。

算法 4.3 基于 Spark 的并行化等价关系统一表示算法

```
Input：（resource1，resource2）形式等价关系集合 sameAs
Output：（group id，resource）集合 sameAsTable ，其中 group id 为所求的各资源
    （resource）的统一标识。
ComputeGroupId(sameAs):
DO
    val forward = sameAs
    val backward = sameAs.map(t => (t._2,t._1))
    val replace = forward.union(backward).groupByKey()
        .flatMap(
        t   => { if(t._1 < t._2.min)
                    for(arg ← t._2) yield(t._1,arg)
                else
                    for(arg ← t._2) yield(t._2.min,arg)
        })
WHILE(at leasr one replacement happend in sameAs)
val sameAsTable = sameAs
```

综合上述所有优化措施是基于 Spark 的并行化 OWL 推理算法的整体执行流程如算法 4.4 所示。

算法 4.4 基于 Spark 的并行化 OWL 推理算法

```
Input：三元组集合 data，规则集 rules        Output：三元组集合 derived
parallel_owl_reaosning_with_spark（data）
while(true){
    derived = data.apply(rules)
    //应用 RDFS 和除 OWL Horst 规则 4、sameAs 关系外的所有 p 规则
    if(derived ==null)
        return data;
    data = data.union(derived)
    do{
        derived = data.apply(rule4)
        data = data.union(derived)
    }while(derived != null)
}
derived = data.apply(rule 11')
```

### 4.4.3 性能评估

本节评估 Cichlid 系统在执行时间和可扩展性方面的性能。为了对比，在同样环境下测试对比了当前领先的分布式 RDFS 和 OWL 推理算法和引擎的性能。

1. 实验环境与数据集

实验在 17 个节点的物理集群上进行，一个节点作为主节点，其他 16 个节点作为计算节点。每个节点都配置两块 Intel Xeon Quad 2.4 GHz 的处理器，24 GB 内存以及 2 块 2 TB 7 200 RPM SATA 硬盘。它们都安装了内核版本为 2.6.32 的 RedHat Enterprise Linux 6 操作系统和 Ext3 的文件系统。集群安装的 Spark 的版本是 1.0.1,Hadoop 的版本是 1.0.3,Java 的版本是 1.6。

（1）标准测试集。分别采用了如下的标准人工合成数据集和真实数据集。

① LUBM: LUBM 是被广泛使用于评测语义网的合成数据集。实验采用数据生成器分别生成了 5 组不同数据规模的数据集:LUBM-100,LUBM-250,LUBM-500,LUBM-750,LUBM-1000。 它 们 分 别 包 含 有 13,000,000，33,000,000，66,000,000， 100,000,000 和 133,000,000 条 RDF 三元组。

② DBpedia: DBpedia 是常用的从维基百科抽取出的结构化的 RDF 数据集。实验分别采用了 4 组 DBpedia 数据:DBpedia-50(50,000,000 条 RDF 三元组 ),DBpedia-100(100,000,000 条 RDF 三元组 )，DBpedia-150(150,000,000 条 RDF 三元组 )，DBpedia-200(200,000,000 条 RDF 三元组 )。

③ WordNet: WordNet 是普林斯顿大学认知科学实验室从英语词汇中抽取出的一个真实的 RDF 数据集。该数据集包含 1,942,887 条 RDF 三元组。

（2）评测系统。评测的系统分别如下：

① Cichlid: Cichlid 系统是设计实现的分布式 RDFS 和 OWL Horst 推理引擎。为了描述简洁，将 Cichlid 中的 RDFS 推理模块标记为 Cichlid-RDFS，并将其中的 OWL 推理模块标记为 Cichlid-OWL。

② reasoning-hadoop&WebPIE: 除了 Cichlid-RDFS 和 Cichlid-OWL 之外，还评估对比了两个现有领先的大规模语义推理引擎。采用的是人们所知的最快的分布式 RDFS 推理引擎 reasoning-hadoop 和分布式 OWL Horst rule 推理引擎 WebPIE。

2. 推理执行性能对比

实验在不同规模的数据集上评估了 Cichlid、reasoning-hadoop 和 WebPIE 的推理速度性能。所有的实验运行了 5 次并计算出其平均值（见表 4-3、表 4-4）。可以看到，当数据集三元组的规模增大的时候，语义推理系统的执行时间也会增加。得益于底层 Spark 并行化平台和提出了一系列的优化策略，对于 RDFS 推理，Cichlid-RDFS 最快大约能够比 reasoning-hadoop 快 10 倍。对于 OWL 推理，Cichlid-OWL 也大约能比 WebPIE 快 6 倍。

表4-3　Cichlid-RDFS和reasoning-hadoop的RDFS推理执行时间对比

| Dataset | TripleNum（M） | reasoning-hadoop（s） | Cichlid-RDFS（s） | Speedup |
|---------|---------------|----------------------|-------------------|---------|
| LUBM-100 | 13 | 630 | 21 | 30.0 |
| LUBM-250 | 33 | 742 | 32 | 23.2 |
| LUBM-500 | 66 | 834 | 50 | 16.7 |
| LUBM-750 | 100 | 911 | 66 | 13.8 |
| LUBM-1000 | 133 | 964 | 77 | 12.5 |
| WordNet | 1.9 | 373 | 18 | 20.7 |
| DBpedia-50 | 50 | 387 | 37 | 10.5 |
| DBpedia-100 | 100 | 495 | 49 | 10.1 |
| DBpedia-150 | 150 | 878 | 57 | 15.4 |

表4-4  Cichlid-OWL和WebPIE的OWL推理执行时间对比

| Dataset | TripleNum( M ) | reasoning-hadoop( s ) | Cichlid-RDFS ( s ) | Speedup |
|---|---|---|---|---|
| LUBM-100 | 13 | 1 571 | 128 | 12.3 |
| LUBM-250 | 33 | 2 129 | 209 | 10.2 |
| LUBM-500 | 66 | 2 446 | 319 | 7.7 |
| LUBM-750 | 100 | 2 880 | 460 | 6.3 |
| LUBM-1000 | 133 | 3 011 | 637 | 4.7 |
| DBpedia-50 | 50 | 1 142 | 300 | 3.8 |
| DBpedia-100 | 100 | 1 268 | 552 | 2.3 |
| DBpedia-150 | 150 | 4 935 | 796 | 6.2 |
| DBpedia-150 | 200 | 6 178 | 1 340 | 4.6 |

3. 数据可扩展性评估

评估 Cichlid-RDFS 和 Cichlid-OWL 的数据可扩展性，同时分别与 reasoning-hadoop 和 WebPIE 进行对比。这部分实验在 5 种不同规模的 LUBM 数据集和 4 种不同规模的 DBpedia 数据集上进行。

实验结果如图 4-29 至图 4-32 所示。从图中可以看到，Cichlid-RDFS 和 Cichlid-OWL 的执行时间随着数据规模的增长而近线性地增加。Cichlid-RDFS 与 Cichlid-OWL 相比于 reasoning-hadoop 和 WebPIE 取得了更好的数据可扩展性。

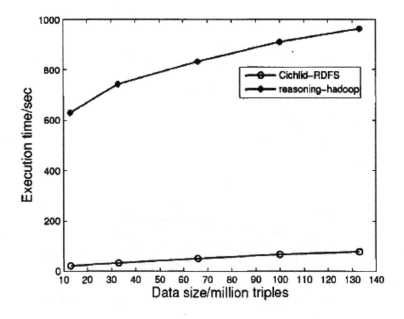

图 4-29　Cichlid-RDFS 和 reasoning-hadoop 的 LUBM 数据可扩展性对比

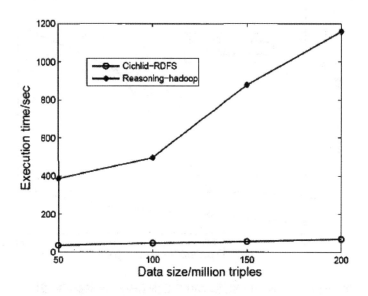

图 4-30　Cichlid-RDFS 和 reasoning-hadoop 的 DBpeida 数据可扩展性对比

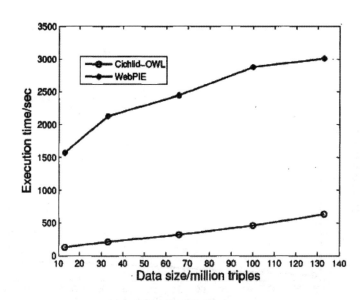

图 4-31　Cichlid-OWL 和 WebPIE 的 LUBM 数据可扩展性对比

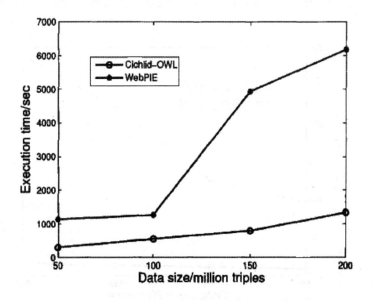

图 4-32　Cichlid-OWL 和 WebPIE 的 DBpedia 数据可扩展性对比

## 4. 系统可扩展性评估

评估 Cichlid-RDFS 和 Cichlid-OWL 的系统可扩展性, 同时分别与 reasoning-hadoop 和 WebPEE 进行对比。结论是 Cichlid-RDFS 随着计算节点数调整的执行性能而变化 (见图 4-33)。

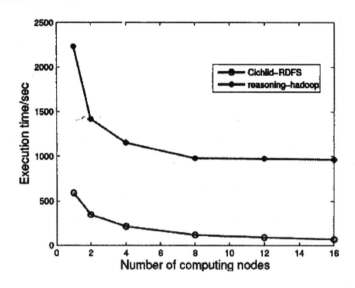

图 4-33　调整集群节点数 Cichlid-RDFS 和 reasoning-hadoop 执行时间对比

从图中可以看到, 随着节点数目从 1 个调整到 16 个, Cichlid-RDFS 的执行时间下降了约 8 倍 (从 590 秒下降到 70 秒)。与 reasoning-hadoop 的只下降了 2.3 倍相比, Cichlid-RDFS 取得了更好的系统可扩展性。

Cichlid-OWL 随着计算节点数调整的执行性能而变化 (见图 4-34), 可以看到, Cichlid-OWL 的执行时间从 4 011 秒下降到 370 秒, 而 WebPIE 的执行时间从 3 944 秒只下降到 3 011 秒。这意味着, 相比于 WebPIE, Cichlid-RDFS 取得了更好的节点可扩展性。

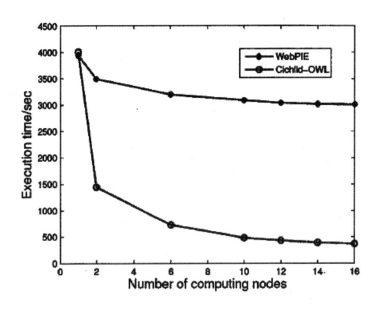

图 4-34　调整集群节点数 Cichlid-OWL 和 WebPIE 执行时间对比

　　进一步分析 Cichlid 和对比系统的加速比情况。加速比是评估并行化算法优劣的重要的指标。Cichlid-RDFS 和 Cichlid-OWL 的加速比如图 4-35 和图 4-36 所示。由图可见，Cichlid 取得了近线性的加速比，远超过 reasoning-hadoop 和 WebPIE 的加速比性能。

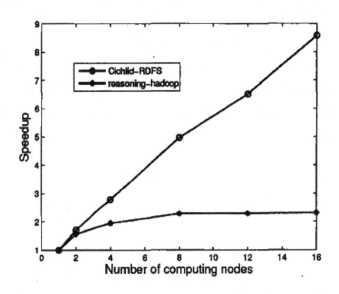

图 4-35　Cichlid-RDFS 和 reasoning-hadoop 的加速比对比

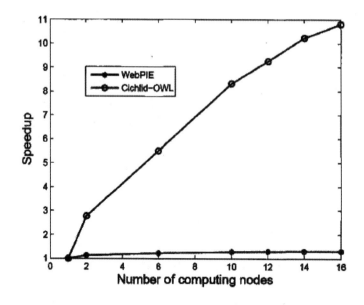

图 4-36　Cichlid–OWL 和 WebPIE 的加速比对比

# 第 5 章　Spark 部署及数据分析

## 5.1　Spark RDD

Spark 是一个高性能的内存分布式计算框架，具备可扩展性、任务容错等特性。每个 Spark 应用都是由一个 driver program 构成，该程序运行用户的 main 函数，同时在一个集群中的节点上运行多个并行操作。Spark 提供的一个主要抽象就是 RDD(Resilient Distributed Datasets)，这是一个分布在集群中多节点上的数据集合，利用内存和磁盘作为存储介质，其中内存为主要数据存储对象，支持对该数据集合的并发操作。用户可以使用 HDFS 中的一个文件来创建一个 RDD，可以控制 RDD 存放于内存中还是存储于磁盘等永久性存储介质中。

RDD 的设计目标是针对迭代式机器学习。由于迭代式机器学习本身的特点，每个 RDD 是只读的、不可更改的。根据记录的操作信息，丢失的 RDD 数据信息可以从上游的 RDD 或者其他数据集 Datasets 创建，因而 RDD 提供容错功能。

有两种方式创建一个 RDD: 在 driver program 中并行化一个当前的数据集合；或者利用一个外部存储系统中的数据集合创建，如共享文件系统 HDFS，或者 HBase，或者其他任何提供了 Hadoop Input Format 格式的外部数据存储。

（1）并行化数据集合（Parallelized Collection)。并行化数据集合可以在 driver program 中调用 JavaSparkContext's parallelize 方法创建，复制集合中的元素到集群中形成一个分布式的数据集 Distributed Datasets。以下是一个创建并行化数据集合的例子，包含数字 1 ~ 5:

```
List < Integer > data = Arrays.asList(1, 2, 3, 4, 5);
JavaRDD < Integer > distData = sc.parallelize(data);
```

一旦上述的 RDD 创建，分布式数据集 RDD 就可以并行操作了。例如，可以调用 distData.reduce((a，b)- > a+b) 对列表中的所有元素求和。

（2）外部数据集（External Datasets）。Spark 可以从任何 Hadoop 支持的外部数据源创建 RDD，包括本地文件系统、HDFS、Cassandra、HBase、Amazon S3 等。以下是从一个文本文件中创建 RDD 的例子：

```
JavaRDD < String > distFile = sc.textFile("data.txt");
```

一旦创建，distFile 就可以执行所有的数据集操作。

RDD 支持多种操作，分为下面两种类型：

① transformation。其用于从以前的数据集中创建一个新的数据集。

② action。其返回一个计算结果给 driver program。

在 Spark 中所有的 transformation 都是懒惰的（lazy），因为 Spark 并不会立即计算结果，Spark 仅记录所有对 file 文件的 transformation。以下是一个简单的 transformation 的例子：

```
JavaRDD < String > lines = sc.textFile("data.txt");
JavaRDD < Integer > lineLengths = lines.map(s -> s.length());
int totalLength = lineLengths.reduce((a, b) -> a + b);
```

利用文本文件 data.txt 创建一个 RDD，然后利用 lines 执行 Map 操作，这里 lines 其实是一个指针，Map 操作计算每个 string 的长度，最后执行 reduce action，这时返回整个文件的长度给 driver program。

## 5.1.1　Spark RDD 内存存储机制优化

基于 RDD 在 Spark 系统中的核心地位，本节将主要研究 RDD 存储机制的优化，以提升 Spark 应用的性能和稳定性。

RDD 作为 Spark 系统中上层应用常用的分布式内存数据集抽象，Spark 上层应用可以重复利用缓存的 RDD 数据。并且，用户可以根据实际应用场景需要控制 RDD 的持久化存储级别。一般情况下，为了提升性能 RDD 会优先使用内存来进行存储，当内存不够时，RDD 默认会将部分数据转为本地磁盘存储。在早期版本（1.0 版本之前）的 Spark 中，Spark 默认将 RDD 存储在 JVM 的堆存储空间中，这样可以避免 Java 对象序列化或输出 JVM 堆的性能开销。然而，如果 Spark 应用使用的 RDD 对象数量太多、占据的堆存储太大，JVM 的垃圾回收机制 (Garbage Collection,GC) 在扫描整个 JVM 堆存储中的 Java 对象并频繁回收空间时，会对系统整体的性能产生很大影响。这主要是因为 Java 为了给新对象挪出空间而剔除旧的对象之前，需要跟踪扫描所有的 Java 对象以找到那些不再被使用的对象。这可能会造成扫描和释放大量的 RDD 对象，甚至好几十个 GB 的存储空间。这种 GC 问题在多个任务（Task）共同运行的干扰之下影响更严重。这种长时间的 GC 过程是应用开发程序员层面难以控制和解决的，这对使用 Spark 进行大规模数据处理不利，而且会大大降低 Spark 程序的运行性能。

## 5.1.2 基于 JVM 堆外存储技术的 Spark RDD 内存存储机制优化

为了解决上述的问题，本节优化了 Spark 内部 RDD 的存储机制，提出了一种基于 JVM 堆外存储（Off-heap）的策略，使 Spark 可以将大量的 RDD 对象从 JVM 的堆（Heap）存储移放到 JVM 堆外的以内存为中心的文件存储系统 Alluxio( 前 Tachyon) 中。

Spark 内部通过 BlockManger 组件缓存 RDD 数据。BlockManger 将一个 RDD 以数据分块 (Block) 为单位分散地存储在分布式集群中。原有的 Spark BlockManager 只向程序员提供了两种存储库来持久化 RDD，分别是 DiskStore 和 MemoryStore。前者将 Block 数据存储在本地的磁盘上，而后者将 Block 数据保存到本地机器的 JVM 堆存储中。TachyonStore 是将 RDD 数据分块存储到 Tachyon 文件系统中。

如图 5-1 所示，通过将 RDD 缓存到 Tachyon 文件系统中，除了可以将数据持久化到磁盘上之外，RDD 的数据还可以存储在操作系统的 RAM Disk 中而不是 JVM 的堆中。RAM Disk 中的数据同样存储在内存中，但是并不在 JVM 堆存储里。这样就可以避免频繁触发 Java 垃圾回收操作。通过该存储机制，可以显著地减少 Spark 应用在处理大规模数据集时频繁垃圾回收带来的时间开销。

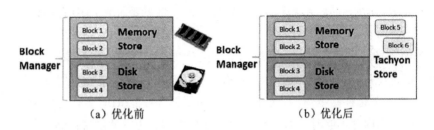

图 5-1 基于 Alluxio( 前 Tachyon) 堆外存储的 Spark RDD 内存优化原理示意图

### 5.1.3 优化效果验证

评估基于堆外存储技术的 Spark RDD 存储机制的优化效果。这里采用的 Spark 应用程序是本书 4.3 节里使用的基于 Spark 的大规模语义网推理系统 Cichlid, 该系统中使用了大量的 Spark RDD 对象, 能够评估本优化的具体效果。

1. 实验环境设置

实验采用的物理集群包含 17 个节点。在这些节点中, 一个节点作为主节点, 其他 16 个节点作为计算节点。每个节点都配置有两块 Intel Xeon Quad 2.4 GHz 的处理器, 24GB 内存以及 2 块 2 TB 7200 RPM SATA 硬盘。所有的这些节点都是通过一个 1 Gb/s 以太网互联。它们都安装了内核版本为 2.6.32 的 RedHat Enterprise Linux 6 操作系统和 Ext3 的文件系统。集群安装的 Spark 版本是 1.0.1, Hadoop 版本是 1.0.3, Java 的版本是 1.6。

实验采用的测试数据集是在语义网推理领域广为使用的 Benchmark 数据集 LUBM。LUBM 可以合成指定规模大小的语义网 RDF 测试数据集。实验生成了包含不同规模的 RDF 三元组数据集作为测试数据。采用的 Spark 应用是本文 4.3 节设计实现的大规模语义网推理引擎 Cichlid。

2. 验证分析

图 5-2 显示了基于 Spark 的语义推理系统 Cichlid 在不同规模的测试数据集上的执行耗时。从中可见, 当三元组数量较少的时候, 采用 JVM 堆存储和采用堆外存储方式的性能相近。因为在数据量较小的情况下, 该应用中 Spark RDD 对象较少且数据规模不大, JVM 堆存储的垃圾回收的额外开销也很小。此时, 堆外存储在性能方面没有优势。

然而, 当处理的数据规模增长到一定程度(在本实验中 150 万条 RDF 三元组)时, 该 Spark 应用中 RDD 对象的数据规模也得到了很大增长。此时, 采用 JVM 堆存储的方式会造成程序的执行耗时陡然增长。这是因为 JVM 堆存储的数据量和对象数目达到一定规模的时候, 垃圾回收将成为一个非常耗时的过程。与此同时, 堆外存储方案的性能表现则比较稳定, 这是因为大量的 Java 对象都是被序列化后存储在堆外的内存中, 因此能够减少大量的 JVM 垃圾回收的操作。

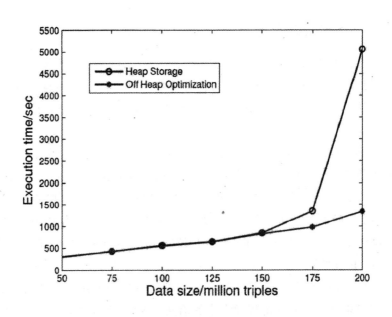

图 5-2　Off-Heap 内存存储优化的效果

## 5.2　Spark 的工作机制

下面开始深入探讨 Spark 的内部工作原理，具体包括 Spark 运行的 DAG 图、Partition、容错机制、缓存管理以及数据持久化。

### 5.2.1　DAG 工作图

应用程序提交给 Spark 运行，通过生成 RDDDAG 的方式描述 Spark 应用程序的逻辑。

DAG 是有向无环图，是图论里面的概念，可以用图 G=<V，E> 来描述，E 中的边都是有向边，顶点之间构成依赖关系，并且不能形成环路。当用户运行 action 操作的时候，Spark 调度器检查 RDD 的 lineage 图，生成一个 DAG 图，最后根据这个 DAG 图来分配任务执行。

为了 Spark 更加高效地调度和计算，RDDDAG 中还包括了宽依赖和窄依赖。窄依赖是父节点 RDD 中的分区最多只被子节点 RDD 中的一个分区使用；而宽依赖是父节点 RDD 中的分区被子节点 RDD 中的多个子分区使用，如图 5-3 所示。

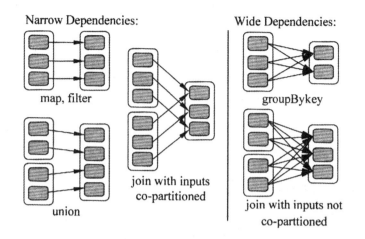

图 5-3　窄依赖和宽依赖

图 5-4 中，map 建立的 RDD 中的每个分区 Partition 只被子节点 filter RDD 中的一个子分区使用，所以是窄依赖；而 groupByKey 建立的 RDD 多个子分区 Partition 引用一个父节点 RDD 中的分区。

图 5-4 是 Spark 集群中一个应用程序的执行，生成了一个 DAG 图。

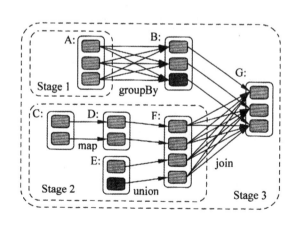

图 5-4　Spark 应用程序的执行

Spark 调度器根据 RDD 中的宽依赖和窄依赖形成 stage 的 DAG 图，每个 stage 是包含尽可能多的窄依赖的流水线 transformation。

采用 DAG 方式描述运行逻辑，可以描述更加复杂的运算功能，也有利于 Spark 调度器调度。

### 5.2.2 Partition

Spark 执行每次操作 transformation 都会产生一个新的 RDD，每个 RDD 是 Partition 分区的集合。在 Spark 中，操作的粒度是 Partition 分区，所有针对 RDD 的 map、filter 等操作，最后都转换成对 Partition 的操作，每个 Partition 对应一个 Spark task。

当前支持的分区方式有 hash 分区和范围（range) 分区。

### 5.2.3 Lineage 容错方法

在容错方面有多种方式，包括数据复制以及记录修改日志。但是由于 Spark 采用 DAG 描述 driver program 的运算逻辑，因此 Spark RDD 采用一种称为 Lineage 的容错方法。

RDD 本身是一个不可更改的数据集，Spark 根据 transformation 和 action 构建它的操作图 DAG，因而当执行任务的 Worker 失败时完全可以通过操作图 DAG 获得之前执行的操作，进行重新计算。由于无须采用 replication 方式支持容错，很好地降低了跨网络的数据传输成本。

不过，在某些场景下 Spark 也需要利用记录日志的方式来支持容错。针对 RDD 的 wide dependency，最有效的容错方式同样是采用 checkpoint 机制。当前，Spark 并没有引入 auto checkpointing 机制。

### 5.2.4 内存管理

旧版本 Spark(l.6 版本之前）的内存空间被分成了 3 块独立的区域，每块区域的内存容量是按照 JVM 堆大小的固定比例进行分配的：

（1）Execution。在执行 shuffle、join、sort 和 aggregation 时，Execution 用于缓存中间数据，通过 spark.shuffle.memoryFraction 进行配置，默认为 0.2。

（2）Storage。Storage 主要用于缓存数据块以提高性能，同时也用于连续不断地广播或发送大的任务结果，通过 spark.storage.memoryFraction 进行配置，默认为 0.6。

（3）Other。这部分内存用于存储运行 Spark 系统本身需要加载的代码与元数据，默认为 0.2。

无论是哪个区域的内存，只要内存的使用量达到了上限，则内存中存储的数据就会被放入硬盘中，从而清理出足够的内存空间。这样，由于执行或存储相关的数据在内存中不存在，就会影响整个系统的性能，导致 I/O 增长，或者重复计算。

1.Execution 内存管理

Execution 内存进一步为多个运行在 JVM 中的任务分配内存。与整个内存分配的方式不同，这块内存的再分配是动态分配的。在同一个 JVM 下，如果当前仅有一个任务正在执行，则它可以使用当前可用的所有 Execution 内存。

Spark 提供了以下 Manager 对这块内存进行管理：

（1）ShuffleMemoryManager。它扮演了一个中央决策者的角色，负责决定分配多少内存给哪些任务。一个 JVM 对应一个 ShuffleMemoryManager。

（2）TaskMemoryManager。它记录和管理每个任务的内存分配，实现为一个 pagetable，用于跟踪堆（heap）中的块，侦测异常弹出时可能导致内存泄露。在其内部调用了 ExecutorMemoryManager 去执行实际的内存分配与内存释放。一个任务对应一个 TaskMemoryManager。

（3）ExecutorMemoryManager。其用于处理 on-heap 和 off-heap 的分配，实现为弱引用的池允许被释放的 page 可以被跨任务重用。一个 JVM 对应一个 ExecutorMemeoryManager。

内存管理的执行流程大致如下：

当一个任务需要分配一块大容量的内存用于存储数据时，首先会请求 ShuffleMemoryManager，告知"我想要 X 个字节的内存空间"。如果请求可以被满足，则任务就会要求 TaskMemoryManager 分配 X 个字节的空间。一旦 TaskMemoryManager 更新了它内部的 page table，就会要求 ExecutorMemoryManager 去执行内存空间的实际分配。

这里有一个内存分配的策略。假定当前的 active task 数据为 $N$，那么每个任务可以从 ShuffleMemoryManager 处获得多达 $1/N$ 的执行内存。分配内存的请求并不能完全得到保证，如内存不足，这时任务就会将它自身的内存数据释放。根据操作的不同，任务可能重新发出请求，又或者尝试申请小一点的内存块。

2.Storage 的存储管理

Storage 内存由更加通用的 BlockManager 管理。如前所述，Storage 内存的主要功能是用于缓存 RDDPartitions，也用于将容量大的任务结果传播和发送给 driver。

Spark 提供了 StorageLevel 来指定块的存放位置：Memory、Disk 或者 Off-Heap。Storage Level 还可以指定存储时是否按照序列化的格式。当 Storage Level 被设置为 MEMORY_AND_DISK_SER 时，内存中的数据以字节数组（byte array）形式存储，当这些数据被存储到硬盘中时，不再需要进行序列化。若设置为该 Level，则 evict 数据会更加高效。

到了 1.6 版本，Execution Memory 和 Storage Memory 之间支持跨界使用。当执行内存不够时可以借用存储内存，反之亦然。

## 5.2.5　数据持久化

Spark 最重要的一个功能是它可以通过各种操作（operation）持久化（或者缓存）一个集合到内存中。当用户持久化一个 RDD 的时候，每一个节点都将参与计算的所有分区数据存储到内存中，并且这些数据可以被这个集合（以及这个集合衍生的其他集合）的动作（action）重复利用。这个能力使后续的动作速度更快（通常快 10 倍以上）。对迭代算法和快速的交互使用来说，缓存是一个关键的工具。

用户能通过 persist() 或者 cache() 方法持久化一个 RDD。首先在 action 中计算得到 RDD；然后将其保存在每个节点的内存中。Spark 的缓存是一个容错的技术，如果 RDD 的任何一个分区丢失，它可以通过原有的转换（transformation）操作自动地重复计算并且创建出这个分区。

此外，用户可以利用不同的存储级别存储每一个被持久化的 RDD。

# 5.3　Spark 的数据读取及集群搭建

Spark 支持多种外部数据源来创建 RDD，Hadoop 支持的所有格式 Spark 都支持。

## 5.3.1　HDFS

HDFS 是一个分布式文件系统，其目标就是运行在廉价的服务器上。HDFS 和 Hadoop MapReduce 构成了一整套的运行环境。Spark 可以很好地支持 HDFS。在 Spark 下要使用 HDFS 集群中的文件需要更改对应的配置文件，把 Hadoop 中的 hdfs-site. xml 和 core-site.xml 复制到 Spark 的 conf 目录下，这样就可以像使用普通的本地文件系统中的文件一样使用 HDFS 中的文件了。

## 5.3.2　Amazon S3

Amazon S3 提供了对象存储服务，目前使用广泛。Spark 提供了针对 S3 的文件输入服务支持。为了可以在 Spark 应用中读取和存储数据到 S3 中，可以使用 Hadoop 文件 API(SparkContext.hadoopFile、JavaHadoopRDD.saveAsHadoopFile、SparkContext.newAPIHadoopRDD 和 JavaHadoopRDD.saveAsNewAPIHadoopFile) 来读和写 RDD。用户可以采用以下方式来做 WordCount 应用：

```
scala> val sonnets = sc.textFile("s3a://s3-to-ec2/sonnets.txt")
scala> val counts = sonnets.flatMap(line => line.split(" ")).map(word =>(word, 1)).
reduceByKey(_ + _)
scala> counts.saveAsTextFile("s3a://s3-to-ec2/output")
```

### 5.3.3 HBase

HBase 是一个列数据库，一种 NoSQL，支持 CRUD 操作，具有容错、高可用、高可扩展以及高吞吐量等特点。Spark 也支持 HBase 的读取和写入操作。在采用 Spark 写入到 HBase 的过程中需要用到 PairRDDFunctions.saveAsHadoopDataset；在采用 Spark 读取 HBase 中的数据的时候需要用到 SparkComext 提供的 newAPIHadoopRDDAPI 将表的内容以 RDDs 的形式加载到 Spark 中。

### 5.3.4 Spark 集群搭建

Spark 集群搭建需要在前期安装 JDK、Scala 和 Hadoop 集群。本节将演示一个手动搭建 Spark 集群的过程，方便读者深入理解 Spark 的运行机制。

1.Scala 在 Ubuntu 下的安装和配置

Scala 是一种可扩展性语言，它既支持面向对象编程，也支持函数式编程。其运行在 Java 虚拟机上，可以轻松实现与 Java 类库互通。目前，支持 Scala 的 IDE 环境有 Typesafe 公司开发的基于 Eclipse 的 IDE。该 IDE 提供了一个方便的功能 Worksheet。Worksheet 在用户输入 Scala 表达式并保存后立即可以得到程序的运行结果，非常方便用户体验 Scala 语言的各种特性。Spark 为 Scala 提供了脚本执行环境 Spark-shell。Spark 的内核是用 Scala 语言实现的，因而安装 Spark 之前，必须先安装 Scala 语言。

（1）下载 Scala 压缩包，下载地址：http://www.scala-lang.org/download/2.11.7. html，把下载好的 tar 包传到服务器上，解压 Scala 到 opt 目录下：tar zxvf scala-2.11.7.tgz -C/opt/。

（2）创建软链接 "ls -s/opt/scala-2.11.7 /opt/scala"。

（3）配置 /etc/profile 文件 "vi/etc/profile"。

（4）在 JDK 环境变量后加上：

# set scala environment

export SCALA_HOME =/opt/scala

export PATH = $ PATH : $ SCALA_HOME/bin

使用 source/etc/profile 编译，使 PATH 环境变量生效，scala-version 查看

Scala 版本，显示如图 5-5 所示内容，即安装成功。

```
root@master1:/opt# scala -version
Scala code runner version 2.11.7 -- Copyright 2002-2013, LAMP/EPFL
```

图 5-5　查看 Scala 版本

所有要安装 Spark 的节点，都要先安装 Scala。也可以通过 scp 命令，将以上配置好的文件分发到其他节点。

注意：安装 Scala 之前，需提前安装 JDK 环境。

2.Spark 集群搭建步骤

（1）集群规划。本次 Spark 集群搭建将使用 4 台主机，规划如下：

192.168.10.101　masterl.jie.com（master）

192.168.10.111　slavel-1.jie.com（worker）

192.168.10.112　slavel-2.jie.com（worker）

192.168.10.113　slavel-3.jie.com（worker）

其中有一个 Master 节点，三个 Worker 节点。

（2）ssh 免密钥登录配置。如果不会 ssh 免密钥登录，请参考 Hadoop 集群搭建中的 ssh 免密钥登录，在此不再赘述。

（3）下载安装 Spark。

①下载 Spark: wget http://www. apache. org/dyn/closer. lua/spark/spark-1.5.1/spark-1.5.1.tgz。

②解压、安装 Spark:tar zxvf spark-1.5.1.tgz -C /opt/hadoop。

③建立软链接: ln -s /opt/hadoop/spark-1.5.1 /opt/hadoop。

④将 Spark 中 bin 目录添加到 PATH 路径中: vi/etc/profile。

⑤在最后添加如下内容：

#set spark environment

export SPARK_HOME=/opt/hadoop/spark

export PATH= $SPARK_HOME/bin：MYMPATH

Spark 安装完成。

（4）Spark 配置。Spark 的配置文件都在 $SPARK_HOME/conf 文件夹下。

①a.slaves 文件配置。

a. 如果在 conf 目录下没有 slaves 文件，复制一份 slaves. template，重命名为 slaves:cp slaves. template slaves。

b. 编辑 slaves 文件：vi slaves。

c. 将 Worker 节点添加到其中：

slavel-1.jie.com

slavel-2.jie.com

slavel-3.jie.com

② spark-env.sh 文件的配置。

cp spark - env.sh.template spark - env. sh

vi spark - env.sh

a. 添加如下内容：

export JAVA_HOME=/usr/java/jdk　＃＃#java 安装目录

export SCALA_HOME=/usr/scala-2.11.4　＃＃ scala 安装目录

export SPARK_MASTER_IP=192.168.52.128 ＃＃# 集群中 master 机器 IP

export SPARK_WORKER_MEMORY=2g

＃＃＃ 指定的 worker 节点能够最大分配给 Excutors 的内存大小

export HADOOP_CONF_DIR = /opt/hadoop/etc/Hadoop

＃＃＃ HadooP 集群的配置文件目录

b. 保存退出即可

c. 最后通过 SCP 命令，将以上配置好的文件分发到其他节点。

3.Spark 集群启动测试

（1）Spark 启动。启动 Spark 集群：

```
$ SPARK_HOME/sbin/start-all.sh
```

如果没有报错，即搭建成功，使用 jps 查看是否在 Master 节点和 Worker 节点上启动 Master 进程和 Worker 进程，使用 jps 查看 Master 节点进程，如图 5-6 所示，使用 jps 查看 Worker 节点进程，如图 5-7 所示。

```
root@master1:/opt/hadoop/spark/conf# jps
1410 Master
1609 Jps
```

```
root@slave1-1:~# jps
1315 Jps
1180 Worker
```

图 5-6　使用 jps 查看 master 节点进程 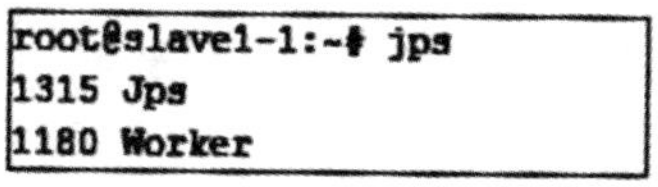　　图 5-7 使用 jps 查看 worker 节点进程

（2）Spark-shell。

①启动 Spark-shell: $SPARK_HOME/bin/sprk-shell，如图 5-8 所示。

```
15/11/01 20:25:27 INFO HttpServer: Starting HTTP Server
15/11/01 20:25:28 INFO Utils: Successfully started service 'HTTP class server' on port 5357
0.
Welcome to

      ____              __
     / __/__  ___ _____/ /__
    _\ \/ _ \/ _ `/ __/  '_/
   /___/ .__/\_,_/_/ /_/\_\   version 1.4.1
      /_/

Using Scala version 2.10.4 (Java HotSpot(TM) 64-Bit Server VM, Java 1.8.0_51)
Type in expressions to have them evaluated.
Type :help for more information.
15/11/01 20:25:35 INFO SparkContext: Running Spark version 1.4.1
15/11/01 20:25:35 INFO SecurityManager: Changing view acls to: root
15/11/01 20:25:35 INFO SecurityManager: Changing modify acls to: root
15/11/01 20:25:35 INFO SecurityManager: SecurityManager: authentication disabled; ui acls d
isabled; users with view permissions: Set(root); users with modify permissions: Set(root)
15/11/01 20:25:36 INFO Slf4jLogger: Slf4jLogger started
15/11/01 20:25:36 INFO Remoting: Starting remoting
15/11/01 20:25:37 INFO Remoting: Remoting started; listening on addresses :[akka.tcp://spar
kDriver@192.168.10.101:33831]
```

图 5-8　Spark-shell 启动界面

② Spark 的欢迎界面，进入后的界面如图 5-9 所示。

```
engine=mr.
15/11/01 20:26:00 INFO SparkILoop: Created sql context (with Hive support)..
SQL context available as sqlContext.

scala> █
```

图 5-9　Spark 的欢迎界面

当出现以上界面时，证明 Spark 平台搭建成功，接下来可以去 Spark 官网阅读相关文档进行实验了，网址为 http://spark.apache.org/docs/latest/quick-start.html。

## 5.4　Spark 的应用案例

### 5.4.1　日志挖掘

采用 Spark 针对日志文件进行数据分析。根据 Tomcat 日志计算 URL 访问情况。区别于统计 GET 和 POST URL 访问量，其要求输出结果（访问方式、URL、访问量）。以下是简单的测试数据集样例：

```
196.168.2.1 - - [03/Jul/2014:23:57:42 + 0800] "GET /html/notes/20140620/872.html
HTTP/1.0" 200 52373 0.034
196.168.2.1 - - [03/Jul/2014:23:58:17 + 0800] "POST /service/notes/addViewTimes_900.
htm HTTP/1.0" 200 2 0.003
196.168.2.1 - - [03/Jul/2014:23:58:51 + 0800] "GET /html/notes/20140617/888.html
HTTP/1.0" 200 70044 0.057
```

为了达到对应的日志分析结果，编写以下 Spark 代码：

```
//textFile() 加载数据
val data = sc.textFile("/spark/seven.txt")
```

```
//filter 过滤长度小于 0,过滤不包含 GET 与 POST 的 URL
val filtered = data.filter(_.length()>0).filter( line => (line.indexOf("GET")>0 ||
line.indexOf("POST")>0) )
```

```
//转换成键-值对的操作
val res = filtered.map( line => {
if(line.indexOf("GET")>0){          //截取 GET 到 URL 的字符串
(line.substring(line.indexOf("GET"),line.indexOf("HTTP/1.0")).trim,1)
}else{                              //截取 POST 到 URL 的字符串
(line.substring(line.indexOf("POST"),line.indexOf("HTTP/1.0")).trim,1)
}                                  //通过 reduceByKey 求 sum
}).reduceByKey(_ + _)
```

```
//触发 action 事件执行
res.collect()
```

运行结果输出样例如下：

```
(POST /service/notes/addViewTimes_779.htm,1),
(GET /service/notes/addViewTimes_900.htm,1),
(POST /service/notes/addViewTimes_900.htm,1),
(GET /notes/index - top - 3.htm,1),
(GET /html/notes/20140318/24.html,1),
(GET /html/notes/20140609/544.html,1),
(POST /service/notes/addViewTimes_542.htm,2)
```

## 5.4.2 判别西瓜好坏

西瓜是一种人们都很喜欢的水果，是盛夏季节的一种解暑物品。西瓜分为好瓜和坏瓜，我们都希望购买到的西瓜是好的。这里给出判断西瓜好坏的两个特征：一个特征是西瓜的糖度，另外一个特征是西瓜的密度，这两个数值都是 0 ~ 1 的小数。每个西瓜的好坏用数值来表示，1 表示好瓜，0 表示坏瓜。基于西瓜的测试数据集来判断西瓜的好坏。

Spark 中提供了 MLib 机器学习库，使用 MLib 机器学习库中提供的例子，采用 GBT 模型，训练参数，最后利用训练集测试 GBT 模型的好坏，判断西瓜的准确度。

详细的代码可以从 GitHub 上下载（https://github.com/alibook/alibook-bigdata.git），下面是利用 Spark GBT 模型的代码：

```scala
object SparkGBT {
  def main (args: Array[String]) {
    if (args.length < 0) {
      println("Usage:FilePath")
      sys.exit(1)
    }
    //初始化
    val conf = new SparkConf().setAppName("Spark MLlib Exercise: GradientBoostedTree")
    val sc = new SparkContext(conf)

    //数据文件加载和分析
    val data = MLUtils.loadLibSVMFile(sc, "/home/liujun/workplace/scala_GBT/GBT_data.txt")
    //数据拆分为训练集和测试集(30%测试)
    val splits = data.randomSplit(Array(0.7, 0.3))
    val (trainingData, testData) = (splits(0), splits(1))

    //训练 GBT 模型
    //默认情况下,defaultParams 分类使用 LogLoss
    val boostingStrategy = BoostingStrategy.defaultParams("Classification")
    boostingStrategy.numIterations = 10   //注意：在实践中使用多个迭代
    boostingStrategy.treeStrategy.numClasses = 2
    boostingStrategy.treeStrategy.maxDepth = 3
    //空 categoricalFeaturesInfo 指示所有功能是连续的
    boostingStrategy.treeStrategy.categoricalFeaturesInfo = Map[Int, Int]()

    val model = GradientBoostedTrees.train(trainingData, boostingStrategy)

    //评估测试实例和试验误差的计算模型
    val labelAndPreds = testData.map { point =>
      val prediction = model.predict(point.features)
      (point.label, prediction)
    }
    val testErr = labelAndPreds.filter(r => r._1 != r._2).count.toDouble / testData.count()
    println("Test Error = " + testErr)
    println("Learned classification GBT model:\n" + model.toDebugString)
```

```
    labelAndPreds.collect().foreach(x =>
        println("Lable and Prediction: " + x._1.toString + " " + x._2.toString))
    trainingData.saveAsTextFile("/home/liujun/workplace/scala_GBT/trainingData")
      testData.saveAsTextFile("/home/liujun/workplace/scala_GBT/testData")
    }
  }
```

在终端上运行以下命令,在具体的环境中需要修改对应的文件路径名字:

```
build.sbt                    //设置好 sbt
sbt package exit             //运用 sbt 将文件打包
spark - 2. 0. 0 - bin - hadoop2. 6/bin/spark - submit - - master local - - class
SparkClustering target/scala - 2. 11/sparkclustering _ 2. 11 - 1. 0. jar /home/liujun/
workplace/scala_Clustering/cluster
//最后提交到 Spark 集群上运行
```

测试结果及运行如图 5-10 和图 5-11 所示。

图 5-10　GBT 测试结果

图 5-11　GBT 运行数据

# 第 6 章　大数据机器学习与数据分析

　　大数据时代，人们已经普遍认识到大数据的价值所在。大数据中往往隐含着很多小数据不具备的深度知识和价值，大规模行业数据的分析利用可以带来巨大的商业价值和社会效益。因此，大数据的深度复杂分析和智能化应用成为近几年的研究和应用热点。

　　机器学习和数据分析是大数据深度复杂分析的关键技术。然而，传统的机器学习与数据分析算法无法直接有效地用于大数据的分析处理，大数据机器学习与数据分析还需要同时解决大规模数据的分布式存储和并行化计算支撑技术问题。因此，大数据机器学习系统是一个涉及机器学习算法设计和大规模系统的交叉性研究内容。

　　本章在分析大数据机器学习系统的基本概念、基本研究问题的基础上，研究提出一种基于矩阵编程模型的统一大数据机器学习与数据分析编程框架，并据此研究实现了跨平台统一大数据机器学习系统 Octopus（大章鱼）。

## 6.1　大数据机器学习的背景

　　众所周知，机器学习和数据分析是将数据转换成有用知识的关键性技术。然而在大数据时代，机器学习和数据分析算法在传统的单机串行平台上难以在可接受的时间内完成对大规模数据的处理。因此，大数据机器学习的实现通常还需要使用分布式大数据处理技术，需要构建一个能同时支持大数据机器学习算法设计与大数据处理的一体化系统支撑平台。

　　为此，近年来出现了"大数据机器学习系统"（Big Data Machine Learning System）这一新的研究方向。也有人将大数据机器学习称为"分布式机器学习"（Distributed Machine Learning）或"大规模机器学习"（Large-Scale Machine Learning）。

由于大数据机器学习和数据挖掘等智能计算技术在大数据智能化分析处理应用中具有极其重要的作用，在 2014 年和 2015 年由中国计算机学会（CCF）大数据专家委员会专家学者投票推选出的"大数据十大热点技术与发展趋势"中，结合机器学习等智能计算技术的大数据分析技术连续两年都被推选为大数据领域第一大研究热点和发展趋势。

大数据机器学习，不仅是机器学习和算法设计问题，还是一个大规模系统问题。一方面，它需要研究机器学习算法本身，如研究提升分析预测结果的准确性的改进的机器学习模型。另一方面，由于数据规模巨大，大数据机器学习系统还要采用分布式和并行化的大数据处理技术，以便在可接受的时间内完成计算。因此，大数据机器学习系统是一种兼具机器学习和大规模并行处理能力的一体化系统。

## 6.1.1 大数据机器学习的基本特征

大数据机器学习系统的技术特征。如图 6-1 所示，一个大数据机器学习系统会同时涉及机器学习和大数据处理两方面的诸多复杂技术问题，包括机器学习方面的模型结构、训练算法、模型精度问题以及大数据处理方面的分布式存储、并行化计算、网络通信、本地化计算、任务调度、系统容错等诸多因素。这两组因素之间互相影响，增加了大数据机器学习系统设计的难度和复杂性。

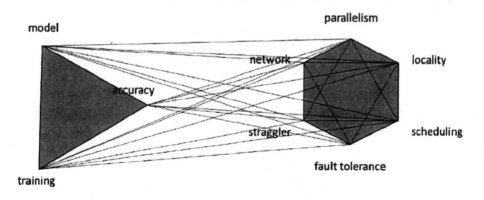

**图 6-1　大数据机器学习系统所涉及的复杂因素**

研究分析指出：完善的大数据机器学习系统通常具备以下几个特征。

第一，大数据机器学习系统应当从整个机器学习的生命周期 / 流水线来考虑，包括大规模训练数据的存储、特征的提取、学习算法的设计实现、训练模型参数的查询管理、并行化训练计算过程在内都应在一体化的学习系统平台上完成。

第二，大数据机器学习系统应提供支持不同的机器学习模型和训练算法的多种并行训练模式。

第三，大数据机器学习系统需要提供对底层系统的抽象，以实现对底层通用大数据存储和技术平台的支持。

第四，机器学习系统应该拥有广泛的应用和快速的进化能力以及开放和丰富的生态系统环境。

在上述技术特征中，一个非常重要的思路是要通过大数据机器学习编程计算和系统抽象来降低系统设计的复杂性，如图 6-2 所示。

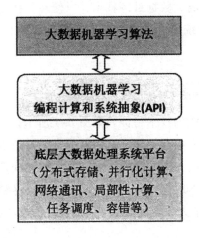

图 6-2　大数据机器学习系统抽象

MLBase 的研究者从计算性能和系统易用性角度对比分析了现有的大数据机器学习研究工作和系统，并得出结论：现有的机器学习和数据分析的系统，绝大多数都未能同时具备良好的系统易用性和大规模分析处理能力，如图 6-3 所示。

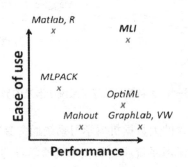

图 6-3　Spark 系统研究者提出的分析维度和研究现状

因此，大数据机器学习除了需要继续研究机器学习算法问题外，还需要研究解决两大技术问题：一是大数据分析的计算性能问题，二是大数据机器学习系统的可编程性和易用性问题。

## 6.1.2 主要研究问题

如前所述，大数据机器学习和数据分析面临着如下两大基本问题和挑战。

1. 大数据复杂分析的计算性能问题

在计算性能方面，传统串行的机器学习和数据分析挖掘算法在数据集较小时很多复杂度在 $O(n\log n)$、$O(n^2)$ 甚至 $O(n^3)$ 的算法都可以有效工作。然而，业界大量实际的大数据复杂应用经常需要对高达十亿至千亿级别的样本的大数据集进行分析。当数据规模增长到极大尺度时，现有的串行化算法将花费难以接受的时间开销。前微软全球副总裁陆奇在 2012 年指出："大数据使得现有的大多数机器学习算法失效，面向大数据处理时这些算法都需要重写。"因此，大数据机器学习算法和系统需要研究解决大规模场景下的高效的分布式和并行化算法和计算问题。

2. 现有大数据处理技术和系统存在的可编程性和易用性问题

除了计算性能问题之外，普通的数据分析程序员难以掌握和使用现有大数据处理技术和系统。Google Seti 项目研究人员在实际应用中发现系统易用性与提高机器学习精度几乎同等重要，"也许过去学术界很少关心设计一个精度稍差、但有更好易用性和系统可靠性的学习算法，但是，在我们的实际应用中，这会体现出非常重要的价值"。在大数据并行编程模型和平台上设计并行化算法，需要掌握很多分布式系统知识和并行化程序设计技巧，这对普通程序员难度很大，导致在数据分析程序员与现有的各种大数据处理平台之间存在一个难以逾越的鸿沟。

## 6.1.3 主要研究现状

为了解决大数据机器学习的计算性能问题，目前领域中普遍采用基于主流大数据处理技术与系统来实现大数据机器学习的技术手段。同时，为了尽可能提高大数据机器学习系统的可编程性和易用性，领域中也在不断探索各种有效的技术方法。

为了让数据分析程序员能够相对容易地在主流大数据系统平台上使用并行化机器学习算法，目前一种常见的做法是由专业的机器学习算法者设计并提供并行化机器学习算法工具包，供上层数据分析师直接调用，如基于 Hadoop MapReduce 开发的 Mahout 以及基于 Spark 开发的 MLlib。

并行算法库很好地解决了大数据机器学习算法的计算性能问题，并且在一定程度上减轻了程序员进行机器学习算法设计的负担。然而，并行化机器包里能提供的算法数量有限，而且通用算法在学习精度和计算性能上可能不能满足实际分析应用的需求，需要程序员定制和改进某个并行化机器学习算法，这对数据分析师仍然是很大的挑战。

另外，在提供的编程语言和环境方面，现有的并行化机器学习算法库（如 Hadoop Mahout、Spark Mlib) 主要还是提供 Java 和 Scala 接口，这对于非计算机专业的行业分析师而言有较大的使用难度。因此，现有的并行化大数据机器学习算法库仍然不能满足行业终端用户的易用性需求。为此，还需要进一步研究解决大数据机器学习系统的可编程性和易用性问题。

从可编程性和易用性方面来看，调查统计显示 R、Python、MatLab 等语言和系统是数据分析师最熟悉使用的分析语言和环境。

为了尽可能缩小 R 语言环境与现有大数据平台间的鸿沟，工业界和研究界已经尝试在 R 中利用分布式并行计算引擎来处理大数据。最早的工作 RHadoop 的目标是将统计语言 R 与 Hadoop 结合起来，支持使用 R 语言编写 Hadoop MapReduce 应用并访问 Hadoop HBase。其中底层海量数据的存储和处理由 Hadoop 负责，上层用户可以用 R 语言替代 Java 语言设计实现 MapReduce 算法。类似地，Spark 也提供一个名为 SparkR 的组件，为 R 用户提供一个轻量级的、在 R 环境里使用 Spark API 编写程序的接口。

然而，目前的这种 R/Python 语言绑定的方案（如 RHadoop 和 SparkR) 在易用性方面存在另一个较大的问题：仍然要求用户熟悉 MapReduce 或 Spark 的并行编程框架和系统架构，然后将 MapReduce 或 Spark 语义的并行化程序翻译式实现到 R 语言的编程接口上。然而，对于不具备分布式系统基本概念的众多行业分析师而言，掌握 Hadoop 和 Spark 并行化编程技巧的难度极大。

此外，上述的这些并行化机器学习算法库和 R/Python 语言绑定方案都是基于单一平台的工作，无法解决跨平台统一大数据机器学习算法设计问题。理想的大数据机器学习系统还需要能够支持现有和未来可能出现的不同的大数据平台，达到"Write Once，Run Anywhere"的跨平台算法设计和运行目标。

## 6.2　编程模型与系统框架简介

### 6.2.1　基于矩阵模型的统一编程模型与接口

为了对上层数据分析程序员提供易用性，大数据机器学习系统需要建立一种面向上层程序员的抽象模型。通过分析发现，大数据机器学习和数据分析(Machine Learning and Data Analytics，简记为 MLDA)算法中的主体计算大多可表示为矩阵或向量运算（向量可视为退化为 1 维的特殊矩阵），通常这也是算法中最耗时的计算部分。以深度神经网络算法为例，研究表明，95% 的 GPU 计算量或者 89% 的 CPU 计算量都花费在大规模矩阵乘法运算上。因此，如果采用矩阵运算来表示和实现各种机器学习算法，那么在这些机器学习算法中，矩阵运算的性能很大限度上将决定学习算法的整体运行性能。

基于这样的事实，类似于 MapReduce 采用了基于数据记录列表的抽象编程计算模型，研究建立了一种基于矩阵模型的抽象编程计算模型，以此作为 MLDA 算法设计的统一编程计算模型和接口。

根据 MLDA 所需要的矩阵操作，在编程模型和框架中提供相应的矩阵操作计算和编程接口。将实现并包括 BLAS(Basic Linear Algebra Subprograms，基础线性代数子程序库）和 LAPACK(Linear Algebra PACKage，线性代数库）的重要操作接口。根据矩阵函数操作对象的不同，设计并提供四个层次的大规模矩阵运算操作接口，分别是向量——向量操作、矩阵——向里操作和矩阵——矩阵操作以及矩阵高级操作。

（1）Level1: 向量——向量操作，包括向量求和、向量复制、向量点积、向量的欧几里得范数等。

（2）Level2: 矩阵——向量操作，例如矩阵——向量乘法、求解 $A^{*}x=b$ 形式的三角矩阵——向量方程（其中 $A$ 是一个三角矩阵，$x$ 和 $b$ 是向量）等。

（3）Level3: 矩阵——矩阵操作，如通用矩阵相加、相减操作以及通用矩阵相乘操作等。

（4）Level4：高层的数值线性代数计算的接口，主要包括求解线性方程组、最小二乘法、特征值求解、矩阵分解（奇异值、LU、QR、Cholesky 和 Schur 分解）等问题的一组方便使用的运算操作接口函数。

上述矩阵计算模型和编程接口将成为整个统一大数据机器学习算法表示和

编程计算的核心，同时也为底层连接集成各种不同的主流大数据平台提供了接口标准。

### 6.2.2 统一大数据机器学习系统模型与编程框架

一个大数据机器学习系统将同时涉及机器学习算法设计和底层大数据存储和计算框架，需要针对大数据集，考虑从大数据分布式存储到并行化计算，再到上层的机器学习算法设计的一体化的支撑环境，形成易于为终端用户使用的完整的大数据机器学习系统。

基于图 6-2 所示的大数据机器学习系统抽象以及所提出的统一矩阵编程计算模型，研究提出了如图 6-4 所示的基于矩阵模型的统一大数据机器学习系统模型与编程框架。该系统模型与框架包括两个主要视图：上层的数据分析程序员视图以及底层的分布式与并行化计算系统视图。

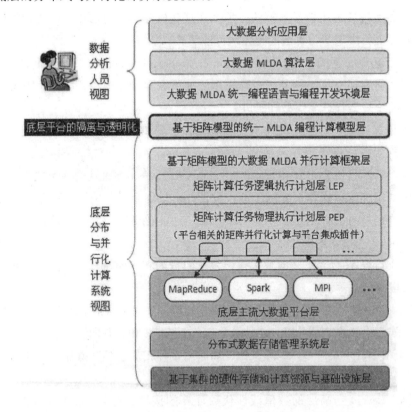

图 6-4　基于矩阵模型的大数据机器学习系统模型和编程框架

上层数据分析程序员视图包含大数据 MLDA 统一编程语言与编程开发环境层、

大数据 MLDA 算法层以及最上层的大数据分析应用层。数据分析程序员基于所提供的统一矩阵编程计算模型与接口，可以在统一编程语言与编程开发环境层使用他们所熟悉的 R/Python 程序设计语言和开发环境，方便快捷地编写各种 MLDA 分析算法，最终完成特定的大数据分析应用的开发。

而底层的分布式与并行化计算系统视图则包括上层基于矩阵编程模型的 R/Python 语言程序在底层分布式系统上执行的内部处理流程。首先，用户编写的程序将生成计算任务的逻辑执行方案；然后，将根据矩阵操作的内在关系对逻辑执行方案进行优化，生成优化后的逻辑执行方案；接着，优化后的逻辑执行方案将选择合适的底层计算平台进行执行，从而形成物理执行方案；最后，每个大规模矩阵操作将在物理执行方案选择的底层计算平台上并行化计算。

而连接两个视图、隔离上层数据分析程序员与底层大数据系统平台的桥梁则是所提出的基于矩阵模型的统一 MLDA 编程模型与接口。通过该统一编程计算模型和接口，将上层机器学习算法设计与底层的分布式和并行化计算系统解耦开来，对上层程序员隐藏和隔离底层分布式和并行化计算平台的细节，实现底层平台对上层算法设计和程序员的透明化，由此大幅提高机器学习系统对数据分析程序员的易用性。

此外，上述系统模型提供了良好的系统层抽象，便于进行良好的层次化系统设计，可有效降低系统设计的复杂性，并由此实现良好的系统可扩展性，达到底层易于集成使用各种主流大数据平台的目的。基于上述统一矩阵编程计算模型和接口标准，通过具体实现所定义的矩阵接口标准，能够以插件的方式在底层快速集成和使用现有的和未来出现的各种主流大数据平台。由于上层应用程序是基于统一的矩阵模型编写的，因而当改变和切换底层大数据平台时，上层已经写好的 MLDA 算法程序不需要做任何修改，即可运行于底层不同的大数据平台上，因而可实现跨平台的大数据 MLDA 算法设计，从而提供良好的跨平台特性。

不同的数据分析任务有不同的计算特性和要求，有些可能是对响应性能要求不高的线下批处理任务，有些可能是对响应性能要求较高的实时或准实时计算。因此，跨平台 MLDA 程序设计的好处是用户开发完成的同一套分析程序，可以根据具体的分析计算任务的特性和要求决定选择最合适的底层平台，在不需要修改原程序的情况下实现不同平台的选择和平滑切换。

# 6.3  分布式平台的运算

在基于矩阵模型的大数据机器学习与数据分析并行计算框架中，由于大规模矩阵计算是关系到上层大数据机器学习算法执行性能好坏的关键因素，因而需要研究大规模矩阵的并行化优化计算方法，优化大规模矩阵运算时的计算性能。

从两个层面上研究大规模矩阵优化计算方法，包括：①底层大数据平台上大规模分布式矩阵数据划分和并行化计算方法；②根据 MLDA 算法计算过程中矩阵运算间的相关性，完成矩阵计算表达式或者计算流图的执行优化以及底层计算平台的自动化选择优化。

矩阵乘法是最常见和典型的矩阵计算之一。两个大规模矩阵相乘运算时有很多性能优化的问题需要考虑，本节着重介绍大规模分布式稠密矩阵的乘法的研究与实现。

## 6.3.1  分布式矩阵乘法执行策略

HAMA 是在 Hadoop MapReduce 平台上进行分布式并行稠密矩阵相乘的一个早期工作。但是，它的算法设计中包含了大量的与底层 HBasse 的数据读写，且对矩阵的切分比较简单。因此，HAMA 的性能比较低效，实验的矩阵维度最大只有 $5\,000 \times 5\,000$。

SystemML 针对在数据并行平台上进行分布式矩阵相乘问题，提出了两种分布式矩阵切分策略，分别称为 RMM(Replication-based Matrix Multiplication) 和 CPMM(Cross Product-based Matrix Multiplication)。

为了便于描述，这里我们约定输入的两个相乘矩阵及其切分方式如下：矩阵 A 中的子块个数是 $M_b \times K_b$，而矩阵 B 中的子块个数是 $K_b \times N_b$，矩阵乘法可以写成 $C = A^* B$，也可以写成 $C = \sum_k A_{i,j} B_{k,j}$，$i < M_b$，$k < K_b$，$j < N_b$。

图 6-5 展示了基于 Spark 的 RMM 与 CPMM 执行策略逻辑图。对于 RMM，我们可以看到整个执行过程只存在一个 shuffle 步骤。在算出结果矩阵 C 的过程中，输入子矩阵块 $A_{i,k}$ 以及 $B_{k,j}$ 会生成多个副本。具体事说，一共有 $N_b$ 个矩阵 A 的个子块的副本，$M_b$ 个矩阵 B 的个子块的副本，shuffle 的数据量是 $N_b |A| + M_b |B|$。CPMM 有两个 shuffle 阶段，类似地可以分析中间过程的数据量，这里不再赘述。对于并发度而言，CPMM 子块矩阵乘法并发度为 $K_b$，而 RMM 的并发度是 $M_b \times N_b$。

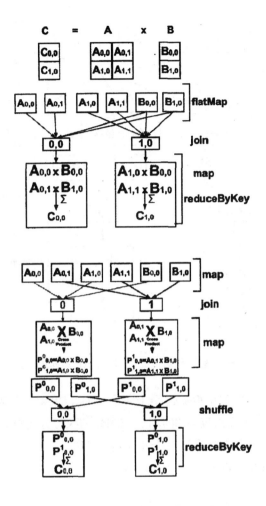

图 6-5　基于 Spark 的矩阵相乘 RMM 与 CPMM 执行策略逻辑图

在综合考虑这两种执行策略优势的基础之上，研究提出了优化的执行策略 CRMM(Concurrent Replication-based Matrix Multiplication)。如图 6-6 所示，该策略同样包含两个 shuffle 阶段，其第一个 shuffle 执行过程和 RMM 很像，而第二个 shuffle 执行过程则类似于 CPMM。通过这种方式，CRMM 能够在并发度和 shuffle 数据量之间做更好的权衡。

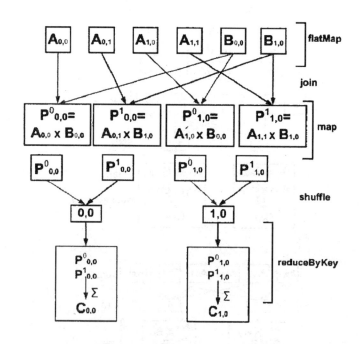

图 6-6　基于 Spark 的 CRMM 执行策略逻辑图

事实上，当输入矩阵维度 $k$ 远小于 $m$ 和 $n$ 时，CRMM 的执行方式会等价于 RMM；而当维度 $k$ 远大于维度 $m$ 和 $n$ 时，CRMM 的执行方式与 CPMM 等价。

此外，对于一个大矩阵乘以一个小矩阵的情况，为了避免两个矩阵的数据通过网络全量 shuffle，提出了一个 Map 端的矩阵乘法，称为 MapMM(Map-side Matrix Multiplication)。

表 6-1 总结归纳了这四种策略的执行步骤。

表6-1　不同矩阵乘法执行策略的性能理论分析

| 执行策略 | 写入磁盘的并发度 | 第一个步骤的 shuffle 数据量 | 执行子块矩阵乘法的并发度 | 第二个步骤的 shuffle 数据量 | 累加子块矩阵的并发度 |
|---|---|---|---|---|---|
| CPMM | $\min\left(\begin{array}{c}M_b \times K_b + K_b \\ \times N_b, P\end{array}\right)$ | $|A|+|B|$ | $\min(K_b, P)$ | $K_b|C|$ | $\min\left(\begin{array}{c}M_b \\ \times N_b, P\end{array}\right)$ |

| 执行策略 | 写入磁盘的并发度 | 第一个步骤的 shuffle 数据量 | 执行子块矩阵乘法的并发度 | 第二个步骤的 shuffle 数据量 | 累加子块矩阵的并发度 |
|---|---|---|---|---|---|
| PMM | $\min\left(\begin{array}{c}M_b \times K_b + K_b \\ \times N_b, P\end{array}\right)$ | $N_b|A| + M_b|B|$ | $\min\left(M_b \times N_b, P\right)$ | 无 | 无 |
| CRMM | $\min\left(\begin{array}{c}M_b \times K_b + K_b \\ \times N_b, P\end{array}\right)$ | $N_b|A| + M_b|B|$ | $\min\left(\begin{array}{c}M_b \times K_b \\ \times N_b, P\end{array}\right)$ | $K_b|C|$ | $\min\left(\begin{array}{c}M_b \\ \times N_b, P\end{array}\right)$ |
| MapMM | 无 | $executor$数目 $\times\min\left(|A|,|B|\right)$ （广播数据量） | $\min\left(\max\left(\begin{array}{c}M_b \times K_b, \\ K_b \times N_b\end{array}\right), P\right)$ | 无 | 无 |

注：$P$ 代表集群的逻辑核总数目。

进一步地，对于三种执行策略 CPMM、RMM 和 CRMM，图 6-7 的理论分析可以看出 CRMM 能够更好地在并发度和 shuffle 数据量之间进行权衡选择。

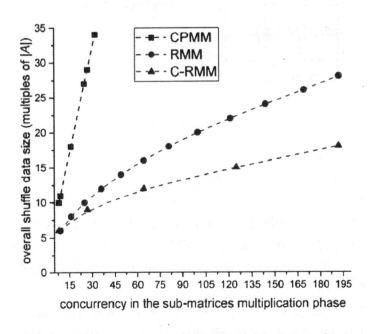

图 6-7 三种矩阵乘法执行策略的并发度与 shuffle 传输数据量的关系

### 6.3.2 分布式矩阵并行化乘法优化

**1. 大规模矩阵的表示方式**

大规模矩阵在分布式平台上首先要解决存储问题。在本书的系统中，我们在底层的分布式文件系统上增加了针对分布式的矩阵表示方式，具体如图 6-8 所示。第一种方式为行矩阵表示，矩阵按行独立切开，并以分布式的方式存储到集群中。第二种存储方式则更为通用，称为块矩阵存储，矩阵可以横向纵向地切分为很多小块，而这些块矩阵也是以分布式的方式打散存储在底层的分布式文件系统中。

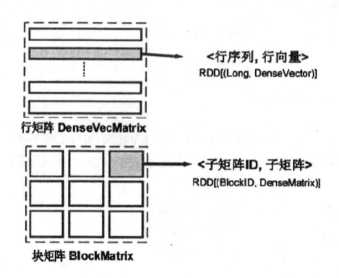

图 6-8　分布式矩阵表示

**2. 高效利用本地原生库**

稠密矩阵相乘是一个典型的计算密集型操作，因而在本地原生库（如 ATLAS、LAPACK、Intel MKL）上执行会比在 JVM 中运行性能更高。基于上述原因，很多基于大数据平台的分布式矩阵计算库通过分而治之的方式将分布式矩阵相乘转化为很多子矩阵相乘之后，会进一步地调用底层本地原生库执行子矩阵相乘。Spark MLlib、SystemML 就是采用这种方式工作的典型代表，执行过程中的子矩阵相乘也是按这个思路操作。

现有的方法（如 Spark MLlib）会对每一组子矩阵相乘都调用本地库。事实上，这在矩阵较小时会造成很多额外的数据拷贝和传输开销。因此，本书的优化是将块矩阵数据积累到一定量的时候再进行批量调用底层原生库。通过这种方法可以在最大利用底层原生库高效的计算性能的同时，降低调用底层库产生的额外开销。

3. 高效的行矩阵与块矩阵的转换

在底层分布式矩阵计算中，经常会遇到分布式行矩阵转化为块矩阵的情景。在 Spark MLlib 里，系统会采用一种低效的坐标转化的方式，具体是通过计算发射大量的 ( $i,j,v$ ) 坐标。这样会带来大量的额外开销，且很多小对象也会对系统造成很大压力。

于是提出了一种基于切分方式的转换，具体的是通过精确地计算目标块矩阵需要的数据范围，对源矩阵进行对应的切分，然后通过聚集操作将相应的中间数据组合到一起形成目标矩阵块。通过这种方式能够减少大量的坐标额外数据开销，降低了磁盘读写的压力，提升了总体的执行性能。

4. 减少 join 过程中的 shuffle 数据读写

如图 6-9 所示，分布式矩阵相乘过程中通常会利用 join 操作将相应的矩阵块放到一起。然而，这会带来 Spark 执行过程的宽依赖，对整体的执行性能是不利的。

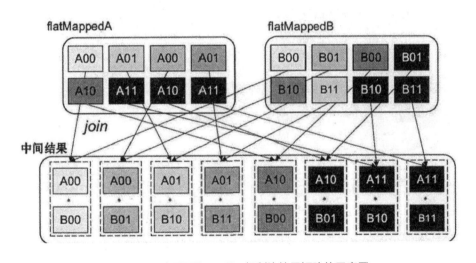

图 6-9　利用通用 shuffle 机制连接子矩阵的示意图

利用矩阵相乘的语义信息，即给定某个子矩阵能够明确地知道它需要跟哪些子矩阵进行相乘，来打破这个通用化的 join 过程。如图 6-10 所示，本书将其中一个输入矩阵切块后注册到 Spark BlockManager 中，另外一个输入矩阵的子矩阵只在计算过程中根据其需要的子矩阵的编号去 Spark BlockManager 中查询即可，通过这个方式所有的块矩阵相乘的过程可以互不等待地并行执行，从而能够提升执行效率，也会减少 join 过程中一个输入矩阵的 shuffle 磁盘读写的数据量。

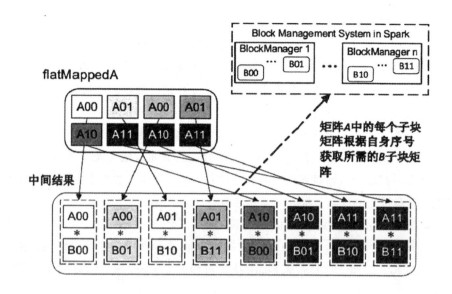

图 6-10　优化后的 shuffle 机制原理示意图

### 6.3.3　实验设计与结果分析

本小节提出大规模分布式稠密矩阵相乘的性能。实验在一个包含 21 个节点的 Spark 集群上进行，节点的配置如表 6-2 所示。

表6-2　实验节点配置

| 项　目 | 配置信息或设置 |
| --- | --- |
| CPU | Intel E5620 Xeon 2.4GHz × 2 |
| Memory | 64 GB |
| Disk | 2 TB SAS × 2，Ext3 file system |
| Network Bandwidth | 1 Gbps |
| OS | RedHat Enterprisee Linux 6.0 |
| JVM Version | Hadoop 2.6.0 |
| Spark Version | Spark−1.5.2 |
| spark executor memory | 45 GB |

1. 矩阵乘法切分与执行策略性能分析

首先，本节在 12 个计算节点（共 192 个逻辑核）上验证矩阵切分方式和性能的变化情况。实验给定的输入矩阵规模是 30 000 × 30 000 × 30 000。实验结果如图 6-11 所示。相比于 RMM 和 CPMM，CRMM 能够更好地利用集群计算资源，并且权衡取舍整体性能和计算子块矩阵乘法时的并发度。

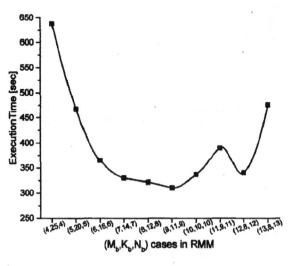

（a） RMM 策略

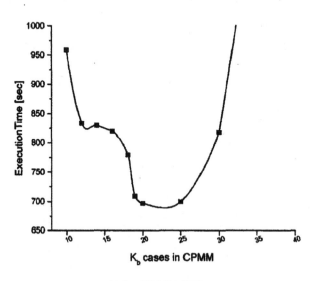

（b） CPMM 策略

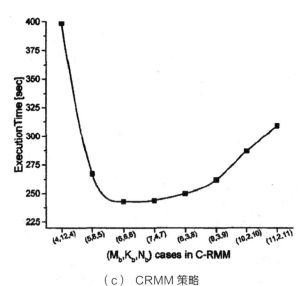

（c） CRMM 策略

图 6-11　不同的切分方式和乘法执行策略的性能调优

2. 分布式矩阵乘法策略的性能对比

在 20 个节点集群上评估 RMM、CPMM 和 CRMM 三种策略的性能。每种策略已经通过调节切分参数达到性能最优。

如图 6-12 所示，在不同矩阵输入形状和规模的情况之下，CRMM 总是能够取得最好的执行性能（耗时最低）。特别地，当维度 $k$ 远大于维度 $m$ 和 $n$ 时，CRMM 策略与 CPMM 策略等价；当维度 $m$ 和 $n$ 远大于维度 $k$ 时，CRMM 策略与 RMM 策略等价。

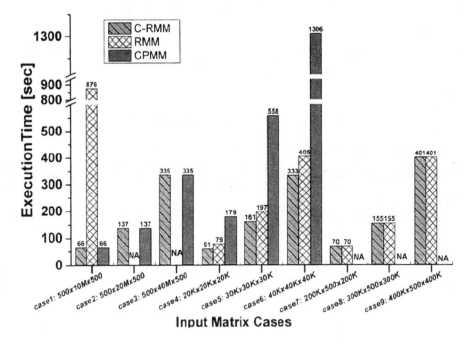

图6-12　不同矩阵规模下矩阵乘法执行策略的性能

## 3. 分布式矩阵乘法优化

表6-3　批量调用本地原生库的性能

（实验数据单位：秒）

| 矩阵规模 | MapMM | MapMM with BCNL | 加速比 |
|---|---|---|---|
| $500K \times 1K \times 1K$ | 10 | 8 | 1.25 |
| $500K \times 10K \times 1K$ | 87 | 22 | 3.95 |
| $1M \times 1K \times 1K$ | 14 | 9 | 1.56 |
| $1M \times 10K \times 1K$ | 159 | 37 | 4.30 |
| $5M \times 1K \times 1K$ | 48 | 21 | 2.33 |
| $5M \times 10K \times 1K$ | 728 | 196 | 3.71 |

最后，评估了提出的高效调用原生库的优化措施(Batch Calling Native Library，BCNL)、高效的分布式行——块矩阵转换优化措施（Slicing Matrix Transformation，

SMT) 以 及 减 少 shuffle 数 据 读 写 的 优 化 措 施（Shuffle-Light sub-Matrix co-Grouping，SLMG）。

实验结果如表 6-3 和 6-4 所示，采用优化措施后矩阵相乘的执行性能得到提升，这证明了提出的优化措施是有效的。

表6-4　SMT与SLMG优化措施的性能

（实验数据单位：秒，NA 未能在 2 500 秒内完成计算）

| 矩阵规模 | CRMM | CRMM with SMT | CRMM with SMT & SLMG | Spark MLlib |
|---|---|---|---|---|
| $20K \times 20K \times 20K$ | 129 | 87 | 80 | 401 |
| $25K \times 25K \times 25K$ | 316 | 143 | 136 | 920 |
| $30K \times 30K \times 30K$ | 573 | 220 | 210 | 1 729 |
| $35K \times 35K \times 35K$ | 938 | 348 | 323 | NA |
| $40K \times 40K \times 40K$ | 1 802 | 657 | 472 | NA |

# 6.4　矩阵计算流图优化

上小节介绍了单个大规模矩阵操作的算法并行化与性能优化。然而，在用户编写的基于矩阵模型的大数据分析程序中，通常会包含很多大规模矩阵相关的操作。多个矩阵操作的整体执行次序以及底层计算平台的选择都对整个程序的执行性能有很大影响。

为了便于对多个矩阵运算操作进行整体性能优化，Octopus 系统内部将用户程序调用的所有分布式矩阵计算操作生成一个有向无环（Directed Acyclic Graph，DAG) 执行图，也称为矩阵计算流图。该矩阵计算流图在底层是以 Lazy 模式执行的。DAG 可以进行等价转换优化以及在多计算框架的场景下选择合适的平台，以便进一步改进和提升计算性能。

下面将首先阐述大数据分析程序中的矩阵计算流图的生成和执行原理，然后在此基础上介绍矩阵计算流图等价转换优化以及多计算框架的调度与选择优化。

## 6.4.1　矩阵计算流图的构建与计算

基于 R/Python 语言的统一矩阵运算包在实现矩阵操作接口时只保存其输入矩

阵、操作和参数。通过对大数据分析程序中的矩阵操作的记录，即可生成整个矩阵计算流图。

例如，代码 $f \leftarrow b*a+a*c$，$f$ 由矩阵 $b*a$ 和矩阵 $a*c$ 通过加法操作得到，而 $b*a$ 由 $b$ 和 $a$ 通过乘法操作得到，矩阵 $a*c$ 由 $a$ 和 $c$ 通过乘法操作得到，记录这样的依赖关系，就形成对应的矩阵计算流图，如图 6-13 所示。

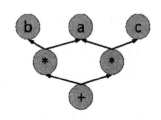

图 6-13 矩阵计算流图示例

对 DAG 求值计算（如求 $f$ 的值）的过程，是通过递归求其依赖矩阵 $b*a$（再递归求 $b$ 和 $a$ 的值）和 $a*c$（再递归求 $a$ 和 $c$ 的值）的值，然后根据矩阵操作和参数执行运算即可求得 $f$ 的值。

具体实现中，DAG 节点通过成员变量 $value$ 指向实际的矩阵实例，构建 DAG 时，$value$ 的值为 $null$。对 DAG 节点求值完成后，会将 DAG 节点的矩阵计算结果赋值给 $value$，以便当后续的 DAG 节点依赖该节点时，直接取 $value$ 的值，避免 DAG 节点的重新计算开销。例如，在计算 $f$ 时，如果不保存过程中计算出的节点值，那么需要计算两次节点 $a$ 的值（$b*a$ 和 $a*c$ 均需要 $a$）。

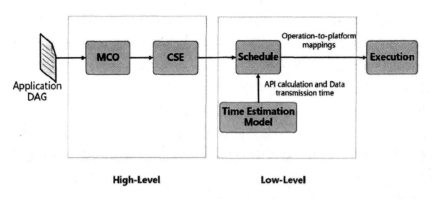

图 6-14 矩阵计算流图的优化流程

事实上，在对 DAG 进行计算之前，可以进行一系列的优化减少计算 DAG 的执行时间。DAG 优化层的流程如图 6-14 所示，包括高层面和低层面两部分。高层面的优化是对 DAG 等价转换的优化，如 DAG 中节点计算顺序的变换，重复节点计算的消除等，这类优化对所有的计算平台都可以带来性能提升。底层的优化就是对 DAG 中每个计算节点选择合理的计算平台，使整个 DAG 计算的执行时间最优。

### 6.4.2 矩阵计算流图的等价转换优化

矩阵计算流图的等价转换优化主要包含连乘优化（Multiply Chain Optimization,MCO) 和公共子表达式消除（Common SubExpression Elinimate,CSE)。

1. 连乘优化

大规模矩阵连乘运算非常耗时。连乘优化通过指定连乘矩阵不同的乘法顺序，使整体的计算量最小，从而提升计算性能。对于矩阵 $a*b$，假设规模分别为 $M*K$ 和 $K*N$，则其计算量为 $M*K*N$。比如对于矩阵 $a*b*c$，设 $a$、$b$、$c$ 规模分别为 10 000*100，100*10 000，10 000*100。若先进行 $a*b$ 则总体计算量为 $2*10^{10}$；若先进行 $b*c$ 则总体计算量为 $2*10^8$，总体计算量降低了两个数量级。

实现矩阵连乘优化，首先需要确定 DAG 中每个矩阵的规模。对于初始矩阵，因为矩阵只能从内存中生成或者从外部文件中读取生成，系统对生成矩阵的函数要求必须指定矩阵的规模。对于中间矩阵，矩阵计算时（如加、减、乘、除、转置等操作），可以通过依赖矩阵的规模得到结果矩阵的规模。因此，在 DAG 构造过程中，可以计算出每个矩阵的规模。

此外，实现连乘优化还需要从 DAG 中识别矩阵连乘链。这可以通过图的广度优先搜索 (Breadth-First Search,BFS) 算法得出。具体地，从 DAG 的根节点开始，通过 BFS 得到下一个乘法节点。对乘法节点，因为其依赖节点是乘法链中的节点，遍历其依赖节点，如果依赖节点也是乘法节点则继续递归下去，直到依赖节点不是乘法节点为止。通过对乘法节点中序遍历，即可得到按序排列的乘法链中的所有节点。

例如，如图 6-15 所示，1 号是根节点，通过 BFS 将 2、3 号加入搜索队列，得到乘法节点是 2 号节点，对 2 号节点进行中序遍历（直到搜索节点不是乘法节点为止），最终得到乘法链 $t(a)*b*c*d$，并且将 $t(a)$、$b$、$c$、$d$ 节点加入搜索队列。因为后续的 BFS 搜索中没有乘法节点，算法结束。

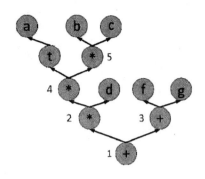

图 6-15　连乘优化中搜索连乘矩阵示例

对于任意的矩阵连乘链 $A_1*A_2*...*A_n$，获得最小计算量的乘法顺序可以通过动态规划解决。当算出乘法链的最优乘法顺序后，根据乘法顺序改变原来乘法节点的依赖。比如，对上文的 $t(a)*b*c*d$，假设其最佳乘法顺序为 $(t(a)*b)*(c*d)$，其分别对应的优化前和优化后的 DAG 如图 6-16(a)、6-16(b) 所示。原乘法链中共有三个乘法节点 4、5、2( 乘法节点的中序顺序 )，根据最优的乘法的顺序依次对 4、5、2 乘法节点更新依赖节点。从图中可以看出，乘法节点 4、5、2 的依赖节点发生了改变，且更新后的 DAG 逻辑和最优乘法顺序保持一致。

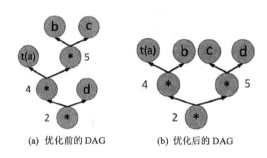

(a) 优化前的 DAG　　　　(b) 优化后的 DAG

图 6-16　连乘优化前和优化后的 DAG

值得注意的是，并不是 DAG 中所有的乘法链都可以采用上述优化规则，如示例代码 $X \leftarrow a*b$；$Y \leftarrow X*c$，其原来的 DAG 如图 6-17（a）所示，采用上述优化规则后的 DAG 如图 6-17(b) 所示。从图中可以看出，优化后的 X 节点表示的内容发生了改变，如果在代码中还有其他地方使用到了 X，则优化后的原程序的正确性无法保证。因此，乘法链可以优化的前提，是其依赖的乘法节点的使用次数必须不大于一次。这点可以通过在 DAG 中记录节点使用次数 (usedCnt) 来进行判断，以规避误优化。

(a)执行优化规则前的DAG    (b)执行优化规则后的DAG

图 6-17   不能执行连乘优化的 DAG 示例

## 2. 公共子表达式消除

用户在写代码时，可能无意中会产生一些重复的矩阵计算，如同样的 $a*b$ 在代码中出现很多次，重复计算 $a*b$ 会带来很大的额外性能开销。公共子表达式消除 (Common SubExpression Elinimate,CSE) 优化是通过识别 DAG 中相同的计算节点，避免节点值的重复计算，从而使 DAG 计算的整体提升性能。

通过一个简单且有效的方法实现该优化。首先，认为所有的初始节点（没有依赖的节点）都不同，每个节点都有唯一的 ID 标识，如果两个节点是由同样的节点通过同样的操作和参数得到，则可认为这两个节点相同，并且可用一个节点去替换另一个。

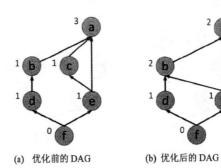

(a)  优化前的 DAG    (b)  优化后的 DAG

图 6-18  公共子表达式优化

因为节点使用次数属性（usedCnt) 对于判断连乘优化能否执行非常重要，所以进行公共子表达式消除优化后，DAG 中每个节点的 usedCnt 不能发生错误。例如，对图 6-18(a) 的 DAG，节点 $b$ 和节点 $c$ 重复，节点左边的数字表示该节点的 usedCnt。为了消除节点 $c$，同时保证每个节点的 usedCnt 属性正确，需要将节点 $c$ 依赖的节点（即节点 $a$ ）的 usedCnt 减 1,将节点 $b$ 的 usedCnt 加上节点 $c$ 的 usedCnt。然后将节点 $c$ 的引用指向节点 $b$，这样在更新节点 $e$ 的依赖时，会将依赖从节点 $c$ 换成节点 $b$。消除重复的节点 $c$ 后的 DAG 如图 6-18(b) 所示。

### 6.4.3  多计算平台的调度与选择优化

不同操作和规模的矩阵运算，在不同平台上的计算性能有差异。因此，当系统底层有多个大数据计算平台时，执行时可以对 DAG 中每个节点的矩阵运算选择一个最为合适的计算平台，从而使整个 DAG 的执行时间最少。

为了进行合理的计算框架调度与选择，需要对矩阵在计算框架上的执行时间有较为准确的估算。时间估算模型是决定矩阵操作在哪个计算平台上执行的基础（见图 6-19）。它包含两个主要部分：①矩阵运算 API 在不同计算平台上的运行时间估算模型；②矩阵数据在不同平台间传递的耗时估算模型。

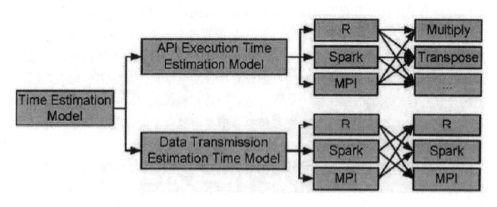

**图 6-19  多计算框架选择中的时间估算模型**

矩阵操作的执行时间有很多影响因素，如运算类型、矩阵规模、计算平台硬件配置等。然而，对于给定的集群环境而言，可变的性能影响因素只有矩阵规模和计算平台两个。对于稠密矩阵计算，其总的浮点（Float Point,FP）操作数目可以由矩阵规模精确计算出来，因而可以建立计算性能估算模型。

为了建立时间估算模型，首先需要采集一组不同的矩阵操作和矩阵规模的执行耗时的样本数据。每条样本数据的特征维度包括矩阵操作类型、矩阵规模、计算平台以及执行时间。然后，通过这些样本数据，可以针对每个平台、每个矩阵操作建立相应的矩阵规模和执行时间关系的模型。通过该时间估算模型，可以估算出该矩阵操作在其他矩阵规模下的执行时间。

采用普通最小二乘（Ordinary Least Square,OLS) 回归法来建立矩阵规模和矩阵操作执行时间关系的模型。模型以矩阵操作的执行时间为因变量。对于给定的平台和矩阵操作，自变量是矩阵的行数和（或）列数及其交互项。例如，对于矩阵转置而言，其时间估算模型的自变量就是矩阵行数、列数和行数 * 列数；对于矩阵加法而言，时间估算模型的自变量则只有行数 * 列数。因此，针对不同的计算平台和矩阵操作，需要选择合理的自变量以更好地刻画时间估算模型。

当得到矩阵操作的时间估算模型后，可以对 DAG 中的每个节点（即每个矩阵操作）通过对比估算出的执行时间，确定执行时间最少的计算平台。另外，不同的 DAG 节点选择不同的计算平台会导致执行过程中，矩阵数据需要在不同的计算平台间传输。因此，还需要考虑矩阵在不同计算平台间切换的耗时。在本书研究的系统中，矩阵数据在不同平台间的传输是通过读写分布式文件系统实现的。因此，与矩阵的常规操作时间估算类似，对于数据传输的耗时，也可以训练矩阵读写分布式文件系统的时间估算模型来进行预估。

在得出了矩阵常规操作和矩阵数据传输的时间估算模型之后，对于一个完整的 DAG 需要考虑以整体执行时间最少的目标设置各个节点的执行计算平台。一个简单的方法是穷举所有的可能平台选择策略，累加出 DAG 中节点矩阵操作在选择的计算平台下的时间，如果中间选择的计算平台发生变化，则还需要加上数据在不同计算平台传输的时间，最后从所有组合中选择整体执行时间最少的平台选择策略。穷举算法搜索出最佳平台选择策略，但是该算法的时间复杂度是节点数目的指数级，在实际执行中耗时太长。

为此，需要采用剪枝策略减少搜索算法的运行时间。该搜索策略需要运行两轮。首先，在第一轮中，假设 DAG 中所有矩阵操作都只能在同一个计算平台上进行，通过对比 DAG 在不同单个平台上的总运行时间，选出最佳的单个平台，并记录其在各个节点上的执行时间。然后，在第二轮中，以第一轮中的最佳平台的执行时间作为基准对比，并允许 DAG 跨计算平台执行，重新搜索选择不同的 DAG 节点的计算平台。在选择过程中，通过对比第一轮中单个平台下最佳平台的执行时间，可以在排除一些非性能最佳的其他节点的搜索路径，从而减少算法的搜索时间。

对于剪枝策略，例如，考虑有一个 DAG 包含依次相连的 3 个节点，记为节点 1、节点 2、节点 3。底层系统一共包含 A、B、C 三个计算平台可供选择，目标是选取合适的计算平台执行 DAG 中的这三个节点（三个节点的执行平台可不同），以将整个 DAG 的总体执行时间降为最小。

首先，在第一轮中，假定三个节点只能选择同一个平台，通过对比执行时间，假设计算平台 A 耗时最少，于是选择平台 A 作为计算平台，整体方案记为 $A \rightarrow A \rightarrow A$（即三个节点均选择 A 为计算平台），其在执行节点 1、节点 2 和节点 3 的耗时分别记为 $T_1, T_2, T_3$，整个 DAG 的总体执行时间为 $T = T_1 + T_2 + T_3$。

接着，以此为初始方案开始第二轮，并允许不同的节点选择不同计算平台执行。在第二轮中，对于节点 1，可以选择计算平台 A、B、C，如果 B 平台下节点 1 的执行时间大于 $T$，则剪掉节点 1 在 B 平台计算的搜索空间（即节点 1 的搜索空间只有平台 A 和 C，不会搜索 $B \rightarrow * \rightarrow *$ 的方案，$*$ 表示任意的平台）；假设当前搜索方案中，节点 1 使用 A 平台，当搜索到节点 2 时，如果发现有平台（如平台 B）执行节点 2 的时间加上矩阵数据从平台 A 传输到平台 B 的时间之和，再加上之前节点 1 在 A 平台的执行时间大于 $T$，则剪掉节点 2 使用 B 平台计算的搜索空间（即不会搜索 $A \rightarrow B \rightarrow *$ 的方案）；节点 3 计算平台的选择也同上进行。通过该方法，可以对不可能是最佳平台选择的组合在搜索过程中进行剪枝，从而减少搜索时间。

剪枝搜索最佳平台选择比穷举搜索算法有不少性能提升，但当 DAG 中节点数目增到一定规模时仍会耗费大量搜索时间。进一步地，又定义了一个启发式策略以减少搜索空间。在执行过程中每次平台切换时都会产生矩阵数据传输的时间开销。然而，通常在最佳平台选择策略中，为了减少网络数据传输的时间开销，不会出现很多次的平台切换。基于这个现象，定义了一个传输率的概念，它表示矩阵跨平台传输的次数与 DAG 中所有矩阵数目的比例。在提出的启发式规则中，通过限制最大传输率，可以限制平台切换的次数，减少算法搜索的空间，从而大幅减少算法的搜索时间。

### 6.4.4 性能评估

下面通过实验评估上述提出的 DAG 优化的效果。首先，评估高层优化（连乘优化和公共子表达式消除）的性能提升情况。然后，对时间估计模型的准确性进行评估。接着，验证上文提出的启发式搜索策略的有效性。最后，评估采用高层 DAG 优化和底层调度优化对两个示例应用的性能影响。

#### 1. 实验环境

实验采用了 3 个计算平台 R、Spark 和 MPI。三个平台对应的矩阵操作实现分别是 R 自带的矩阵、实现的基于 Spark 的矩阵运算库 Marlinl2，以及基于 MPI 平台的并行化矩阵运算库 iPLAR。Spark 和 MPI 是搭建在有 9 个节点的物理集群上。集群中，1 个节点为主节点（Master），其他节点为从节点（Worker）。每个节点有 2 个 Xeon2.2GHz 的处理器、12 个物理核和 192GB 内存。节点之间通过 10 000Mb/s 的以太网连接。所有节点都安装了 Ext4 文件系统和 RedHat Enterprise Linux7 操作系统，JDK 的版本是 1.7。

Marlin 使用的 Apache Spark 版本是 1.4.0 且 Spark 集群中设置 Executor 的内存使用量为 40GB。在每个节点上，采用 3.10.1 版本的 ATLAS 作为本地线性代数库。iPLAR 所用的 OpenMPI 版本是 1.8.3。R、Hadoop、Alluxio 的版本分别为 3.2.1，

2.6.0，0.6.4。Spark 分区数设置为 100，MPI 的 ranks 设置为 100。为了方便表示，矩阵 A（维度为 $m×k$ ）和矩阵 B（维度为 $k×n$ ）执行乘法，可以将这种输入情况表示成 $m×k×n$ 。

2.矩阵计算流图优化的性能分析

实验评估连乘优化和公共子表达式消除对系统的性能提升情况。对于连乘优化，实验采用了三个矩阵连乘的情况 $A*B*C$ ，其中 A 和 B 的矩阵规模固定为 10 000,C 矩阵的行数固定为 10 000,测试 C 的列数从 10 到 100 到 1 000 的情况下，连乘优化带来的性能提升，实验结果如表 6-5 所示。从表中可以看出，矩阵连乘优化的性能提升非常明显。

表6-5　矩阵连乘优化效果

(A,B 矩阵行列数、C 矩阵行数均不变，执行时间单位：秒)

| 计算平台 | C 矩阵列数 | 未采用连乘优化 | 采用连乘优化 | 加速比 |
|---|---|---|---|---|
| R | 10 | 174.7 | 10.75 | 16.25 |
| | 100 | 180.3 | 13.32 | 13.53 |
| | 1 000 | 195.8 | 44.94 | 4.35 |
| Spark | 10 | 0.81 | 21.61 | 26.68 |
| | 100 | 1.26 | 23.56 | 18.7 |
| | 1 000 | 4.90 | 26.86 | 5.48 |
| MPI | 10 | 25.23 | 1.19 | 21.2 |
| | 100 | 28.25 | 2.16 | 13.08 |
| | 1 000 | 33.54 | 10.07 | 3.33 |

对于公共子表达式消除，采用示例矩阵计算表达式 $c ← a*b+a*b$ 测试所带来的性能提升，其中矩阵 A 和 B 的规模均为 8 000*8 000，实验结果如表 6-6 所示。其中该优化在 R 平台和 MPI 平台的性能提升接近 50%，而在 Spark 平台的性能提升只有 34%，其原因是 Spark 是 lazy 计算的，所以 $a*b$ 并不是内存中的数据，而是需要一部分数据的重新计算，因此性能提升略小于 50%。

表6-6　公共子表达式消除性能优化效果

（执行时间单位：秒）

| 计算平台 | 未采用公共子表达式消除优化 | 采用公共子表达式消除优化 | 加速比 |
|---|---|---|---|
| R | 176.8 | 90.37 | 48.89 |
| Spark | 24.96 | 16.43 | 34.17 |
| MPI | 33.68 | 17.71 | 47.42 |

### 3. 矩阵运算性能估算模型精度分析

本实验评估了时间估算模型的准确性。考虑到矩阵乘法的代表性和重要性，采用矩阵乘法作为测试用例评估时间估计模型的准确性。

分别采用了三组实验来覆盖各种情况。第一组实验表示矩阵只有一个维度（维度 $m$ ）变化的情况；第二组实验表示两个矩阵的共同维度（维度 $k$ ）变化的情况；第三组测试是第一组和第二组的混合，即两个矩阵的多个维度（维度 $m,k,n$ ）发生变化。预测时间的矩阵的规模比训练矩阵的规模大。如表 6-7 所示，R 和 Spark 的乘法时间估计的误差率都在 7% 以内。对于 MPI，其误差率大部分处于 4%~10% 之间。实验结果表明，提出的时间估计模型总体比较精确。

### 表6-7时间估算模型的误差率

（执行时间单位：秒）

| Matrix Size | | R | | | Spark | | | MPI | | |
|---|---|---|---|---|---|---|---|---|---|---|
| | | Real | Predict | Error | Real | Predict | Error | Real | Predict | Error |
| Group1 | 80 000*1 000*1 000 | 13.8 | 14.7 | 6.52% | 1.14 | 1.17 | 2.63% | 2.87 | 3.11 | 8.263% |
| | 200 000*1 000*1 000 | 35.2 | 35.5 | 0.85% | 1.82 | 1.78 | 2.20% | 3.29 | 3.61 | 9.733% |
| | 500 000*1 000*1 000 | 86.5 | 87.6 | 1.27% | 3.20 | 3.32 | 3.75% | 5.41 | 4.95 | 8.503% |
| Group2 | 1 000*80 000*1 000 | 13.9 | 14.7 | 5.67% | 7.91 | 7.45 | 5.82% | 9.66 | 10.50 | 8.693% |
| | 1 000*20 000*1 000 | 34.9 | 35.5 | 1.72% | 12.84 | 13.61 | 6.00% | 22.82 | 20.63 | 9.603% |
| | 1 000*50 000*1 000 | 86.9 | 87.6 | 0.81% | 29.82 | 29.04 | 2.62% | 51.35 | 46.03 | 10.363% |
| Group3 | 8 000*8 000*8 000 | 86.2 | 89.7 | 4.06% | 13.34 | 14.03 | 5.17% | 15.84 | 17.36 | 9.593% |
| | 15 000*15 000*15 000 | 560.3 | 586.5 | 4.68% | 50.54 | 47.33 | 6.35% | 40.64 | 39.39 | 3.083% |
| | 20 000*20 000*20 000 | 1327.6 | 1389.2 | 4.64% | 92.48 | 89.77 | 2.93% | 69.61 | 66.42 | 4.583% |

4.计算平台选择搜索策略分析

本实验采用高斯非负矩阵分解 (Gauss Non-negative Matrix Factorization,GNMF,见图 6-21) 来评估上文提出的穷尽搜索、剪枝搜索和带启发式规则的剪枝搜索三种方法搜索最优计算平台选择的耗时。在启发式搜索中,其传输率参数被设置为可保证 GNMF 搜索到最佳调度方案。

GNMF 中迭代轮数设为 4 轮,DAG 中节点数为 51 个。图 6-20 展示了三种搜索策略的耗时与处理的 DAG 节点数目的关系。随着处理的 DAG 节点数目增多,穷尽搜索的耗时呈指数级增长。虽然剪枝搜索在 1.5 秒内可以搜索到 51 个节点的最佳映射,但是当不同平台的操作时间相近时,剪枝策略的减少搜索空间的效果并不明显,从图中可以看出其扩展性并不是很好,存在相邻节点规模上可能出现急速上升的情况。

带启发式规则的剪枝搜索在 DAG 节点数较少时,由于每次传输率限制的判断开销导致其时间略高于剪枝搜索,但是随着节点规模增加,在 27 个节点时性能高于剪枝搜索,且在 51 个节点下的搜索时间不到 1 秒,并且从图中可以看出其扩展性很好。

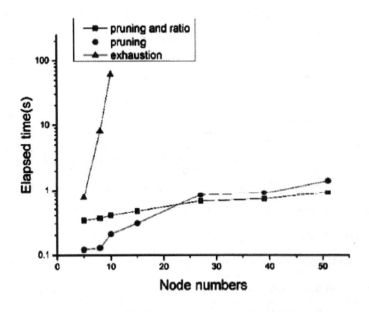

图 6-20　三种搜索策略的时间与 DAG 节点数目的关系

(纵列是 log 刻度)

## 5. 应用性能评估

本节通过 GNMF 和一个合成应用来评估优化的性能提升。GNMF 算法代码如图 6-21 所示，将矩阵 $V(M*N)$ 分解成矩阵 $W(M*K)$ 和矩阵 $H(K*N)$。实验运行 5 轮迭代，固定 K 为 500，M 与 N 相同，取值为 5 000 和 50 000。对于图 6-21 所示的 GNMF 代码，DAG 自动优化会将 $t(W)$、$t(V)$ 写成单独的变量（公共子表达消除优化）以及对于 $W\%*\%H\%*\%t(H)$ 会先算 $H\%*\%t(H)$ 矩阵连乘优化。

```
require(OctMatrix)
V <- RandSymbolMatrix(M, N)
W <- RandSymbolMatrix(M, K)
H <- RandSymbolMatrix(K, N)
for ( i in 1 : 5) {
  H <- H * (t(W) %*% V) / (t(W) %*% W %*% H)
  W <- W * (V %*% t(H)) / ()
}
evaluate(W)
```

图 6-21　基于 Octopus 实现的高斯非负矩阵分解

对于单个平台，DAG 优化对 GNMF 的性能提升的结果如表 6-8 所示。对于 R 平台，DAG 优化在两组数据规模下的性能提升为 56% 和 93%，这是因为 5 000 和 50 000 的规模的矩阵乘法以及转置在单机 R 上非常耗时，所以优化后效果明显。对于 MPI 平台，优化后的性能提升约为 20%，当矩阵规模从 5 000 变到 50 000 时，性能提升高了 6%，这是因为该规模的乘法和转置在 MPI 分布式平台上执行不是很耗时。

表6-8　非负矩阵分解在不同优化下的性能评估

| | Size | No High-Level Optimization | High-Level Optimization | Speed Up |
|---|---|---|---|---|
| R | 5 000 | 96.84 | 62.27 | 1.56 |
| | 50 000 | 8 675.2 | 4 539.6 | 1.93 |
| Spark | 5 000 | 198.3 | 191.3 | 1.04 |
| | 50 000 | 1 376.1 | 1 048.5 | 1.31 |
| MPI | 5 000 | 130.5 | 110.8 | 1.17 |
| | 50 000 | 376.1 | 304.6 | 1.23 |

对于 Spark, 矩阵规模 M 和 N 大小为 5 000 时优化效果不明显是因为 Spark 是 lazy 计算的, 转置操作会被重算, 且对于该规模的矩阵乘法无论是否进行连乘优化底层平台均会采用 Broadcast 乘法 (即 MapMM 乘法), 所以几乎没有性能提升。当矩阵规模 M 和 N 为 50 000 时, 连乘表达式不会触发底层平台采用 Broadcast 乘法, 先进行小规模矩阵相乘的优势便体现出来, 性能提升了 31%。

对于多计算平台选择的优化, 将比较本书提出的 DAG 计算平台选择方案和理论最佳选择方案、理论最差选择方案, 同时也列出了选择单个平台的执行时间。图 6-22 显示了这些方案的时间性能。图 6-22 表明 GNMF 算法在矩阵规模 M 和 N 为 5 000 时, 在 R 平台上单独运行取得最佳的执行性能; 在矩阵规模 M 和 N 为 50 000 时, 在 MPI 平台上单独运行取得最佳的执行性能。其中, 对于矩阵规模 M 和 N 为 50000 的最差方案没有 R 平台的执行时间结果。这是因为 50 000*50 000 的矩阵 V 从 R 传输到 Spark 或 MPI 时, 会出现内存溢出的情况。这些结果表明本书提出的 DAG 计算平台选择方案能够选取较好的执行调度方案, 取得较优的性能。

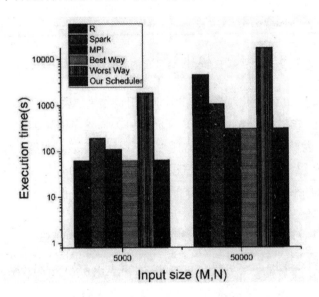

图 6-22　计算平台选择优化对非负矩阵分解的性能影响

模拟程序实验 (见图 6-23) 被用来验证多个平台的组合比单个平台有性能提升的场景。图 6-24 表明, 相对单个 Spark 平台或 MPI 平台, 合理地组合两个计算平台可以分别获得 91% 和 62% 的性能提升。

```
require(OctMatrix)
row <- 40000; col <- 40000
a <- RandSymbolMatrix(row, col)
b <- RandSymbolMatrix(row, col)
for (i in 1:10) {
  tmp <- apply(a, c(1, 2), sin)
  a <- t(tmp)
  tmp2 <- apply(b, c(1, 2), cos)
  b <- t(tmp2)
}
c <- a %*% b
evaluate(c)
```

图 6-23　基于 Octopus 实现的一段模拟程序

　　需要切换平台的原因是 Spark 的转置操作和 apply 操作耗时小于 MPI，而 Spark 的乘法操作耗时远大于 MPI，并两者之间的性能差距超过数据在 Spark 和 MPI 平台间传输的时间。底层调度平台通过时间估算模型准确地判断出该信息，从而自动地将转置操作和 apply 操作调度在 Spark 平台上运行，而将乘法操作调度在 MPI 平台上运行，从而达到总体更好的性能。

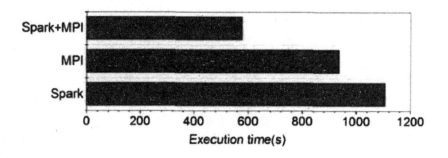

图 6-24　模拟程序在不同平台上的运行性能

第 6 章　大数据机器学习与数据分析

# 6.5 系统的设计与实现

## 6.5.1 系统总体构架

在上节提出的统一矩阵编程计算模型基础之上，本节设计实现了一个跨平台统一大数据机器学习和数据分析系统平台"大章鱼"（Octopus）。通过提供基于矩阵的统一编程计算模型，使用基于数据分析师熟悉的 R/Python 程序设计语言和环境，Octopus 允许用户方便地编写和运行大数据机器学习和数据分析算法与应用程序，而无需了解底层大数据平台的分布式和并行化编程知识，使底层的分布式并行计算框架和大数据平台对用户完全透明。

底层平台上，通过良好的系统层抽象，Octopus 可以快速集成 Hadoop 和 Spark 等通用大数据并行计算框架和系统平台，而且程序仅需编写一次，不需要有任何修改即可根据需要选择并平滑运行于任何一个平台，从而实现跨平台特性。

如图 6-25 所示，Octopus 是一个包含多层组件的大数据机器学习与数据分析系统。底层分布式文件系统层可以采用 HDFS 和 Alluxio 存储管理大规模矩阵数据。在存储层之上，Octopus 可以根据矩阵规模和操作类型使用不同种大数据计算平台或单机 R 平台进行计算。Octopus 提供给用户的编程接口是基于 R 语言的高层矩阵操作接口。用户可以很容易地基于这些 API 设计实现大数据分析应用，而不需要具备任何的分布式系统相关的知识。

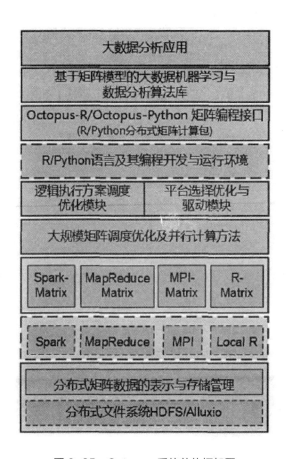

图 6-25 Octopus 系统总体框架图

注：（实线框是本文实现的模块，虚线框是开源系统已有模块）

## 6.5.2 系统主要功能与模块设计实现

### 1. 系统主要功能与模块设计实现

Octopus 在 R/Python 环境中以包（Package) 的形式提供给上层用户，下面以 R 语言和环境为示例进行阐述。系统的主要功能封装在提供给用户编程使用的 OctMatrix 对象中。OctMatrix 是 Octopus 包中的核心数据结构，其相关的操作接口 API 说明如表 6-9 所示，接口按照 R 语言的风格形式进行设计，以符合数据分析师的使用习惯。

图 6-26 展示了 Octopus 统一编程模型的模块设计图。基于矩阵模型的统一编程语言设计共包含两个部分：运行模式设计和用户 API 接口的设计。

表6-9　Octopus系统提供给上层用户的API

| API 接口 | 接口说明 |
|---|---|
| ReadOctMatrix | 从文件读矩阵 |
| OctMatrix | 数组（向量）初始化矩阵 |
| ones,zeros | 全 1、全 0 矩阵 |
| WriteOctMatrix | 将矩阵写到文件中 |
| as.matrix | 将矩阵转换成 R 中矩阵 |
| %*% | 矩阵乘法 |
| +,-,*,/ | 矩阵加法、减法、标量乘法、除法 |
| t | 矩阵转置 |
| apple | 对矩阵应用用户自定的函数 |
| Cbind2 | 将两个矩阵按列拼接成一个矩阵 |
| sum | 计算矩阵所有元素的和 |

　　对于运行模式设计，Octopus 提供给用户使用的编程语言和环境支持交互式运行和批量解释运行两种运行模式。

　　用户 API 接口设计的目标是设计暴露给 Octopus 系统上层用户使用的矩阵操作 API，其中包含矩阵的初始化函数、矩阵输出函数、矩阵乘法函数、矩阵标量加减乘除函数以及其他矩阵高级函数等。每个函数都封装了不同计算平台的具体实现。

　　为了能将上层的用户程序运行在底层并行化计算平台（如 Spark，Hadoop) 上，Octopus 系统需要在对应的底层并行化计算平台上实现基于上述矩阵模型的分布式矩阵计算库。

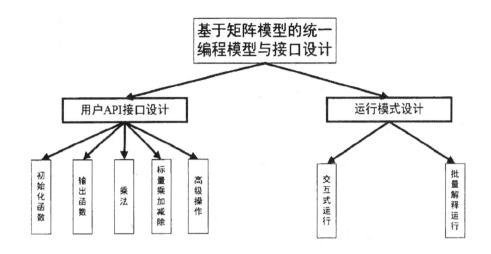

图 6-26　基于矩阵模型的统一编程模型与接口框架设计实现

图 6-27 展示了底层并行计算平台上实现分布式矩阵库的模块设计。整个分布式矩阵库提供给用户的是一个标准的矩阵对象操作接口，主要包括三个模块：第一个模块是分布式矩阵生成模块，主要提供一些分布式矩阵的生成接口，如从文件系统读取、从内存生成；第二个模块是分布式矩阵运算模块，主要包括一些分布式矩阵运算的接口；第三个模块则是分布式矩阵转换和输出模块，主要目的是提供矩阵形式上的转换（如将分块矩阵转换为行向量矩阵），以便计算过程的需要和计算结果的输出。

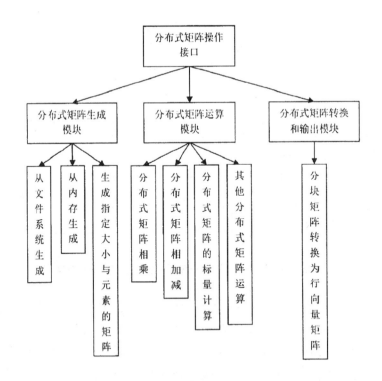

图 6-27　基于并行计算平台的分布式矩阵库的模块设计

2. 矩阵数据的表示与存储管理

矩阵是本系统中最基础的抽象编程计算模型，也是整个系统设计与实现的核心。因此，需要对矩阵数据及其运算操作建立一个系统层的统一表示和管理方法。在矩阵的表示和存储管理层，需要刻画和表述矩阵数据对象的内部表示、存储组织和对外提供的访问操作编程接口。

在具体实现上，通过设计一个位于中间层的跨平台矩阵数据对象抽象类，封装矩阵数据格式并提供各种基本的矩阵数据存储访问操作接口，并设计不同的矩阵表示和存储方式。Octopus 系统中采用的分布式矩阵的表示形式如图 6-28 所示，包括行 / 列矩阵表示模型、分块矩阵表示模型。

矩阵数据存储在底层跨计算平台共享的分布式文件系统中。在底层存储系统方面，Octopus 采用主流的 HDFS 大数据分布式文件系统。同时，如图 6-25 的系统总体框架图所示，为了进一步加快矩阵计算时矩阵数据的读写访问性能，基于内存计算的思想，Octopus 进一步采用分布式内存文件系统 Alluxio, 在 HDFS 之上构建一层基于内存的分布式矩阵数据存储和快速访问机制。

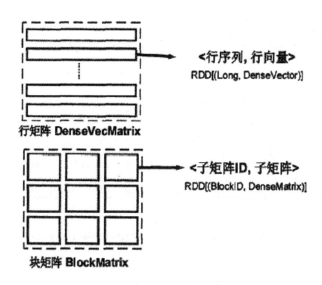

<子矩阵ID, 子矩阵>
RDD[(BlockID, DenseMatrix)]

**<行序列, 行向量>**
RDD[(Long, DenseVector)]

行矩阵 DenseVecMatrix

块矩阵 BlockMatrix

图 6-28　Octopus 中分布式矩阵的表示模型

3. 编程示例

使用 Octopus 编程比较容易，因为系统提供给用户的接口都是简洁的矩阵操作。图 6-29 和图 6-30 分别展示了基于 Octopus 实现的高斯非负矩阵分解算法和逻辑回归训练算法。在程序的首部都需要先调用 "require(OctMatrix )" 以引用 Octopus 提供的分布式矩阵计算库 OctMatrix。然后，后面程序中的矩阵相关的操作调用 OctMatrix 包提供的函数操作实现即可，非矩阵相关的操作仍使用 R 的语法实现。

```
require(OctMatrix)
V <- RandSymbolMatrix(M, N)
W <- RandSymbolMatrix(M, K)
H <- RandSymbolMatrix(K, N)
for ( i in 1 : 5) {
  H <- H * (t(W) %*% V) / (t(W) %*% W %*% H)
  W <- W * (V %*% t(H)) / ()
}
evaluate(W)
```

图 6-29　基于 Octopus 实现的高斯非负矩阵分解示例

```
require(OctMatrix)
m <- 1000000; n <- 100; iters <- 10; stepSize <- 1
x <- ReadOctMatrix("hdfs://master:8020/train/feature",m,
y <- ReadOctMatrix("hdfs://master:8020/train/label", m,
x <- cbind2(ones(m, 1), x)
theta <- ones((n+1), 1)
g <- function(z) { 1.0 / (1.0 + exp(-z))}
for (i in 1:iters) {
  h <- apply((x %*% theta), c(1,2), g)
  grad <- t(x) %*% (h - y)
  theta <- theta - stepSize / m / sqrt(i) * grad
}
WriteOctMatrix(theta, "hdfs://master:8020/user/tmpoutM")
```

图 6-30　基于 Octopus 实现的逻辑回归（Logistic Regression）训练算法示例

### 6.5.3　Octopus 系统技术特征总结

Octopus 系统技术特征与功能总结如下。

（1）易于使用、基于矩阵模型的高层编程模型与接口：Octopus 提供给用户一组基于 R/Python 语言的大规模矩阵运算 API（围绕 OctMatrix 对象设计）。程序员可以基于这些矩阵运算接口，不需要具备低层分布式和并行化编程知识，用 R/Python 语言快速编写各种机器学习和数据分析算法。

（2）"一次编写，多处运行"的跨平台特性：用 OctMatrix API 实现的机器学习和数据分析算法，可以运行在不同的底层大数据计算平台上。用户可以先在单机 R/Python 上用小数据进行调试，调试完毕后，代码可以用大规模数据集切换到底层的大数据计算引擎和平台上执行。同样的代码只需要简单切换底层的大数据计算引擎，如 Spark、Hadoop MapReduce 或 MPI 即可。

（3）无缝融合 R/Python 生态系统：Octopus 可运行于标准的 R/Python 环境中，实现与 R/Python 环境的无缝融合。因此，它可以利用 R/Python 生态系统中的丰富资源，如第三方 R/Python 包。

（4）可提供基于矩阵模型的机器学习和数据挖掘算法库：基于 OctMatrix 矩阵编程接口，可设计实现并提供一组具有可扩展性的大数据机器学习和数据挖掘算法库。

# 第7章 大数据在道路运输管理中的应用

## 7.1 道路运输大数据分析

### 7.1.1 道路运输信息资源

道路运输是以公共道路为载体、以营运车辆为运输工具、以客货运站场为作业基地，从事道路旅客运输和货物运输及其他相关业务活动的总称。道路运输是现代综合运输体系的基础，在国民经济中发挥着基础性和服务性的作用。

道路运输业包括六个子行业，即道路货运、道路客运、城市客运、道路运输基础设施建设、驾驶员培训、机动车维修。同时，道路运输以运输安全、应急保障、信息化建设和行业法制管理为辅助支撑。

道路运输业中产生的数据信息可以分为七大类，分别为经营业户、营运车辆、从业人员、运输场站、经营线路、公众服务、运输安全七大数据集。不同的数据分布在道路运输管理平台和道路运输服务平台的各种数据仓库中，数据格式异常丰富，包括纸质数据，电子数据，音频、视频文件，传感器信息等。通过对行业管理机构和业务应用系统的了解，将道路运输信息数据进行总结，如表7-1所示。

表7-1 道路运输信息资源

| 序 号 | 数据集 | 说 明 |
|---|---|---|
| 1 | 经营业户 | 运输业户基础信息、运输经营许可信息、业户年审信息、质量信誉考核信息、安全事故信息、安全生产级别评定信息、生产量信息等（道路旅客、出租车、道路货物、危险货物） |

| 序 号 | 数据集 | 说 明 |
|---|---|---|
| 2 | 营运车辆 | 基础信息（客车、货车、出租车、公交车等）、车辆营运生产信息、二级维护信息、异动变更信息、年度审验信息、GPS终端信息、交通违法违规信息 |
| 3 | 从业人员 | 从业人员基础信息、年度审验信息、从业异动变更信息等 |
| 4 | 运输场站 | 基础信息、经营许可信息、经营生产量信息、营收信息、附属设备信息、质量信誉考核信息、安全生产事故信息、客运站班线信息等 |
| 5 | 经营线路 | 线路基础信息、经营许可信息、物理路线信息、票务信息、线路营收信息、线路生产量信息等 |
| 6 | 公众服务 | 实时路况信息、视频监控信息、监控设施信息、服务信息发布内容等 |
| 7 | 运输安全 | 事故性质、伤亡情况、事故原因、应急处置结果、事故预防建议等 |

### 7.1.2 核心信息系统简介

1. 运政管理系统

道路运政管理信息系统定位于道路运输业中的经营业户、从业人员、营运车辆、社会公众等用户，满足领域内六大行业业务领域的行政审批、运政执法、日常监管、安全监督、公众服务等行业管理与服务要求。系统逻辑结构如图7-1所示。

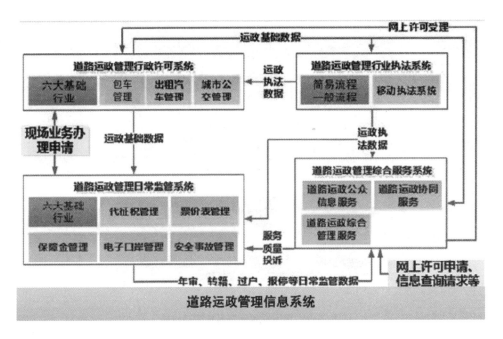

图 7-1　道路运政管理系统逻辑结构

结合业务管理要求，运政系统数据分为基础运政数据、业务数据、主题分析数据、共享数据。基础数据库涵盖经营业户、从业人员、营运线路、营运车辆、运管机构等静态信息；业务数据库主要是各级管理机构进行行业管理及经营业户在经营过程中所产生的流程数据，如申请、审查、审批、决策等不同环节的信息；主题数据即满足特定业务需求的信息，涵盖运政管理总体情况、客运量、车辆 GPS 安装情况、车辆油耗水平、道路运输安全统计等数据；共享数据库主要是本系统为其他系统、其他部门提供的运政基础数据、运政执法数据、投诉处理信息等。

2. 客运联网售票系统

道路客运联网售票系统针对出行公众和行业监管人员，为公众提供便捷的出行信息查询和票务服务，满足统一化、方便管控的网络售票服务，为行业管理者提供全方位的数据支持。

客运联网售票系统的信息数据主要包括客运站、客运企业、车辆、从业人员、班线、票价等基础信息，班次、车票、废票、退票、改签、订单等联网售票信息，调度、安检、票据等站务信息及清分结算等信息。系统逻辑结构如图 7-2 所示。

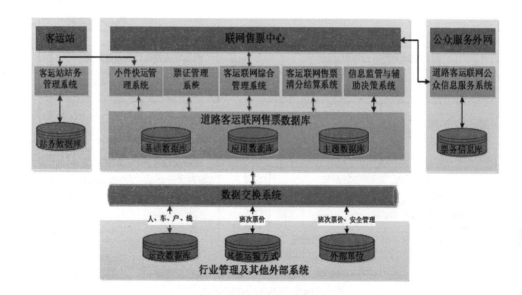

图 7-2　客运联网售票系统逻辑结构

　　其系统数据库包括基础、应用、主题和共享数据库。基础数据库包括具有全局性、基础性或静态的数据，具体包括客运站、运输业户、车辆、从业人员、班次班线、票价、员工等基础信息。应用数据库涵盖客运站每日生产经营过程中生成的动态资源，其面向主要业务系统，具体包括班次、票价、调度、改签、退票、行包、清分结算等信息。主题数据库基于基础性和业务性数据库，以面向多种主题的方式，组成综合决策支持数据库，用于综合性分析及行业辅助管理决策，如客运生产力动态监管、运行实时监控、公众出行偏好分析、票务综合统计、客流状态预警等。共享数据库管理、监控全部业务职能的资源配置，依据不同需求为客运各业务子系统给予信息交换与共享。

　　3. 卫星定位监管系统

　　道路运输卫星定位监管系统以提供营运车辆实时定位及运行状况信息为主要目的，满足车辆驾驶员和行业上层管理者的远距离监管服务，满足安全与营运监管部门对系统资源共享的需求，同时可对服务领域内的车辆实施远程的管理及控制。系统逻辑结构如图 7-3 所示。

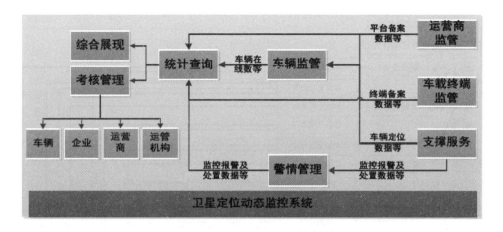

图 7-3　卫星定位监管系统逻辑结构

其系统数据库主要分为基础数据库、业务数据库、主题数据库、交换共享数据库。基础数据库包括经营业户、营运车辆、从业人员、营运线路、客货运场站、企业平台等基础信息；业务数据库主要应用于行业动态监管与服务，包括卫星定位实时数据、监控报警数据、调度管理数据、考核管理数据等；主题数据库是满足企业、管理部门的统计分析要求，分为终端使用情况、平台使用情况、安全运行情况、环保节能情况四大统计主题，详细情况如报警，违规操作，车辆及企业入网及在线率，月度、年度统计报表等；交换共享数据库为便于其他系统进行查询及应用，包含营运车辆实时及历史定位数据、运营报警信息等。

### 7.1.3　道路运输大数据分析需求

1. 数据资源共享

随着信息化建设的不断发展，道路运输信息系统已逐步深入到运营管理的各个领域，涵盖各方面的业务信息数据。然而，系统之间的数据共享仍存在一定障碍，通过科学、有效的数据融合，实现业务应用系统之间的互联互通，可以为道路运输实施大数据战略保驾护航。

通过深入了解、分析道路运输业中三大核心信息系统（运政管理系统、卫星定位监管系统、客运联网售票系统）的结构功能与信息资源，明确信息系统中的二级分类项目，设计系统之间的信息共享架构，如图 7-4 所示。

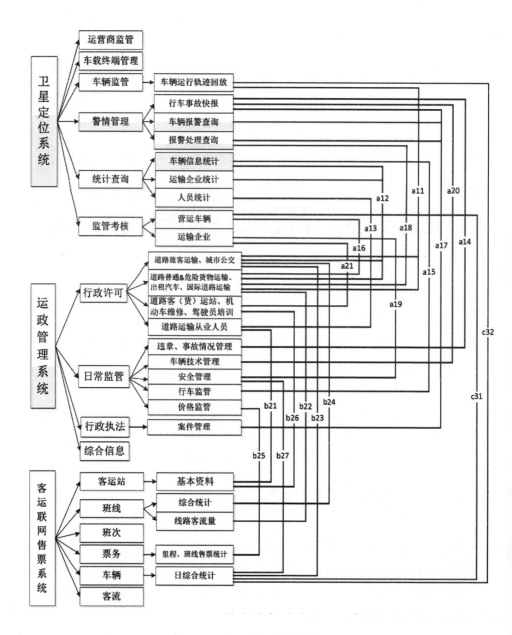

图 7-4  核心信息系统资源共享

根据系统之间信息共享的架构需求，可扩展并优化信息系统某些现有业务功能，实现信息的高效开发、利用。三大核心信息系统的信息共享内容及效果如表7-2所示。

表7-2　道路运输核心信息系统资源共享

| 信息系统 | 方　向 | 信息系统 | 序　号 | 共享内容 | 共享效果 |
|---|---|---|---|---|---|
| 卫星定位监管系统 | → | 运政管理系统 | a11 | 车辆运行轨迹 | 核查车辆超限许可审批，管制轨迹异常车辆 |
| | | | a16 | 车辆＆业户违规考核信息 | 车辆年审及企业补、换证件时予以管制 |
| | | | a17 | 车辆事故＆违章案件信息 | 完善运政系统案件信息 |
| | | | a18 | 车辆 GPS 安装信息 | 年审时管制未安装 GPS 的车辆 |
| | | | a19 | 运输业户监管信息 | 备份安全隐患，由运政系统向企业下发整改通知 |
| | | | a12 | 车辆＆业户基本信息 | 系统信息核对，管制未审批或信息不匹配的车辆、业户 |
| | → | | a13 | 从业人员基本信息 | 管理"两客一危"车辆驾驶员、押运员的从业人员合格证件 |
| | ↔ | | a14 | 车辆违章＆交通事故数据 | 借鉴已有违章、事故发生条件及处理措施，做好事故应急预案 |
| | | | a15 | 车辆危险行车记录信息 | 管制发生违规状况频繁的车辆 |
| | ← | | a20 | 在册车辆燃油消耗情况 | 助力车辆燃油信息统计、掌握行业节能减排情况 |
| 运政管理系统 | → | | b21 | 在册车辆燃油消耗信息 | 助力车辆燃油信息统计、掌握行业节能减排情况 |
| | | | b21 | 从业人员基本信息 | 核查异常（未登记＆信息不匹配）从业人员信息 |
| | | | b23 | 客运车辆基本信息 | 核查异常车辆信息 |
| | | | b26 | 客运站基本信息 | 实时客运信息查验 |
| | ↔ | | b22 | 车辆运营线路信息 | 核查异常线路信息 |

| 信息系统 | 方　向 | 信息系统 | 序　号 | 共享内容 | 共享效果 |
|---|---|---|---|---|---|
| 运政管理系统 | ← | | b24 | 线路客流量信息 | 整合运力资源，优化线路 |
| | | | b25 | 线路票价信息 | 统一系统票价信息，避免票价乱象 |
| 卫星定位系统 | → | | c31 | 车辆＆业户违规考核信息 | 管理违规频繁的从业人员和企业 |
| | | | c32 | 车辆运行轨迹 | 实时查看车辆运行状态，根据易出现的偏离轨迹信息优化现有线路 |

### 7.1.4　决策支持目标

大数据背景下的道路运输发展将不再依靠于经验管理，取而代之的是数据驱动。通过明确道路运输大数据分析的决策目标，为运输管理机构实现运输市场管理、行业运力调整、政府综合决策等提供科学有力的参考和借鉴。

根据道路运输信息资源的分类，可针对分类下的七大资源专题确立不同决策目标。

1. 经营业户分析

从基本信息、营收状况、时间、地域等角度进行多维、同比、环比等对比分析；根据业户等级、经营状态、车辆规模等进行聚类分析，对不同类别的业户给予更合理的管控与支持；根据业户质量信誉考核信息，应用数据挖掘方法给出考核合理规则集；预测未来业户的生产经营状况。

2. 营运车辆分析

从车辆技术等级、经营类型、车型结构、燃料类型等角度进行多维分析；统计、分析车辆实载率、里程利用率、百公里燃耗等效率指标；根据车辆 GPS 定位信息，挖掘易发生交通堵塞的路段、时段；根据车辆的违规考核信息，挖掘出考核合理规则集；通过对客运车辆的发车日和发车时间的分析，得出适合旅客出行的最佳时间搭配，并调整运力结构；根据车辆的车型、轴数、载重等情况识别超重车辆，形成分类规则。

3. 从业人员分析

从年龄、驾龄、技术能力等角度对从业人员进行多维分析；挖掘车辆驾驶员的违规倾向性以及年龄、性别、驾龄、技术能力等对发生违规事件的影响强度；分析从业人员的信用评价数据，采用合理方法得出最终信用等级及主要影响因素，并形成规则集；根据视频监控信息，分析驾驶员疲劳驾驶与时间的关联性。

### 4. 运输场站分析

从基本信息、营收状况、运力运量、时间、地域等角度进行多维分析；实现场站运营状况和营收情况的可视化统计；统计、分析客运站不同班次的客流量分布及趋势，实现智能流量预测、预警，并为合理规划线路及相应运力提供决策支持；根据客运站质量信誉考核信息，挖掘给出考核合理规则集。

### 5. 经营线路分析

从不同角度进行线路多维分析；对客运班线的运行效率（里程利用率、客位利用率、实载率等）等信息进行可视化展示；根据线路生产量信息，预测未来生产量情况，并调整现有班线数量，规划新线路；预测线路营收情况；聚类分析客运班线，划分出出行频率不同的班线，进行合理管控。

### 6. 公众服务分析

根据历史数据，建立智能分析系统，提供路线规划、最佳路径选择、实时客流状态等信息；预测未来客流量及分布状况，包括主要地区、节假日、重点时段等多样化的客流预测；根据道路拥堵历史数据，对未来时段的交通拥堵情况进行判断。

### 7. 运输安全分析

根据历史数据，挖掘车辆发生不同等级交通事故（超速、受伤、死亡）的主要路段和时间段；根据实时环境特征、道路特征、车辆状况等给出实时行车安全评价，并可预警；交通事故致因分析以及人、车、路、环境等因素对不同等级交通事故的影响强度。

# 7.2 班线客运运营状况分析

## 7.2.1 Two Step 聚类分析

Two Step 聚类算法是一种分两个步骤进行的算法，可同时处理离散变量和连续变量，且支持大型数据集的分析，只需遍历数据集一次便可完成整体的聚类，占用内存少，运行速度快。再者，两步聚类法利用对数似然函数度量距离，根据一定的准则可自动地构建最佳聚类结构，是一种非常有效的聚类分析方法。

Two Step 聚类包括预聚类和正式聚类两个步骤：预聚类的目的是将原始数据集压缩成为多个较小的子数据集，便于后续进一步的数据分类，其通过 BIRCH 算法构建聚类特征树（$CF$ 树）来实现。算法是一种多阶段聚类技术，通过逐个扫描观测数据，根据距离法则决定是否将其指派到新的子类中或是归入到已经生成的类别中，重复此过程直到最终形成 $L$ 类。正式聚类通过凝聚的层次聚类方法，将上一步得到的多个子类合并为合适数量的类别。此过程不需要再次扫描数据，也无需提前选择聚类数量，随着聚类的演进，群组内部的差异化会越来越明显。

1. 构建 $CF$ 树

BIRCH 算法是通过聚类特征（$CF$）及聚类特征树（$CF-Tree$）来概括聚类描述并实现数据集的划分，可实现动态和增量聚类。$CF-Tree$ 是一棵高度平衡的树，它表征整个数据集的层次划分，依次为根节点→非叶子结点→叶子节点，每个节点由若干个 $CF$ 条目构成，每个 $CF$ 条目代表一个子聚类（又名孩子节点），叶子节点及非叶子节点都是若干个子聚类的聚类。

$CF-Tree$ 包含两个变量，分支因子（$B,T$）及阈值 $T$。其中，每个非叶子节点最多含有 $B$ 个条目，每个叶子节点最多容纳 $L$ 个条目，每个条目的表示形式为 [ $CF_i$ ，$child_i$ ]（$child_i$ 为指向第 $i$ 个孩子节点的指针），叶子节点条目的直径需限制在阈值 $T$ 内。树的大小和阈值 $T$ 息息相关，$T$ 值越大，一个叶子节点条目就能够容纳更多的样本点，则树的总规模就越小。$CF$ 树结构如图 7-5 所示。

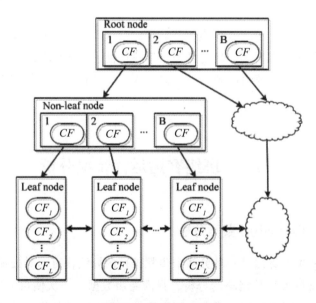

图 7-5　$CF$ 树结构

（1）*CF* 树基本原理。假设待聚类的数据集 $\overrightarrow{\{X_i\}}$ 中包含 $N$ 个 $d$ 维的数据样本，则聚类树 *CF* 可以由一个三元数组来表示，$CF = \left(N, \vec{LS}, \vec{SS}\right)$，称为 *CF* 条目。

其中，$N$ 为子聚类中所含样本的数目；

$\vec{LS} = \sum\limits_{i=1}^{N} \vec{X}_i$ 为 $N$ 个样本的线性和；

$\vec{SS} = \sum\limits_{i=1}^{N} \vec{X}_i^2$ 为 $N$ 个样本的平方和。

根据 *CF* 中的三元素，可以求得：

簇的质心：

$$\vec{x}_0 = \frac{\sum\limits_{i=1}^{N} \vec{x}_i}{N} \tag{7-1}$$

簇的半径：

$$R = \sqrt{\frac{\sum\limits_{i=1}^{N} \left(\vec{x}_i - \vec{x}_0\right)^2}{N}} \tag{7-2}$$

簇内任意两点之间的平均距离：

$$D_{ij} = \sqrt{\frac{\sum\limits_{i=1}^{N} \sum\limits_{j=1}^{N} \left(\vec{x}_i - \vec{x}_j\right)^2}{N(N-1)}} \tag{7-3}$$

两个 *CF* 条目的合并：

$$CF_1 + CF_2 = \left(N_1 + N_2 L\vec{S}_1 + L\vec{S}_2, S\vec{S}_1 + S\vec{S}_2\right) \tag{7-4}$$

（2）生成 *CF* 树。*CF* 树的构造过程是一个数据点不断插入的过程，在遍历数据集的过程中，通过不断添加、更新条目及分裂节点形成，并始终依据距离最小的原则。*CF* 树构造过程如图 7-6 所示。

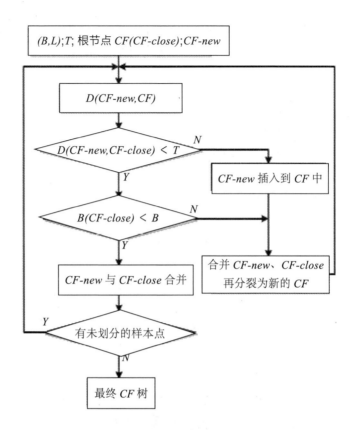

图 7-6  *CF* 树构造过程

具体构建流程如下：

Step1：设置参数分支因子（ $B,L$ ）及阈值 $T$ ，建立一个存放内存的初始 *CF* 树作为根节点，在原数据集中随机选择一个样本放入根节点 *CF* 中；

Step2：在原数据集中随机选择一个样本点，并将其封装成新的 *CF* 树（ *CF-new* ），计算其与已生成的各个 *CF* 的距离；

$$D_{ij} = \sqrt{\frac{\sum\limits_{i=1}^{N}\sum\limits_{j=1}^{N}\left(\vec{x}_i - \vec{x}_j\right)^2}{N\left(N-1\right)}} \qquad (7-5)$$

Step3：筛选距离 *CF-new* 最近的 *CF* （ *CF-close* ），若它们之间的距离 $D<T$ ，实施 Step4，否则将 *CF-new* 插入到 *CF* 树中，并进行 Step5；

Step4：判断 *CF-close* 中的叶子节点数与分支因子 $B$ 的大小，若前者较小，则将 *CF-new* 归并到 *CF-close* 中，进行 Step6，否则实施 Step5；

Step5：将 $CF-new$ 与 $CF-close$ 合并为一个 $CF$，再将其分裂成两个新的 $CF$。具体方法为：在合并后包含所有叶子节点的 $CF$ 中筛选出距离最远的两个叶子节点，并以这两个叶子节点作为起始条目，根据距离最小原则将剩余叶子节点重新分为两个簇，删除原叶子节点并更新整个 $CF$ 树；

Step6：判断原数据集中是否还有未被划分的样本点，若是，跳转到 Step2，否则输出最终的 $CF$ 树。

2. 正式聚类

基于上一步骤的 $CF$ 树，每个叶子节点的每个条目都代表一个小型聚类，此步骤需对此小型聚类进行适当的合并。因为叶子节点数目与最初数据量相差甚远，所以可达到高速运算速率。

（1）凝聚的层次聚类。凝聚的层次聚类采用自底向上的方式，具体实现方法为：给定需要聚类的 $n$ 个簇，求解 $n \times n$ 的距离矩阵，通过距离数值验证最接近的两个类且将其合并，同时类的总数减少一个，然后计算新类与所有旧类之间的距离，即 $(n-1) \times (n-1)$ 的距离矩阵，重复上述操作，直到最终合并为一个类或满足终止要求为止。

（2）距离的度量。基于连续性和离散性变量的条件，Two Step 聚类选用基于概率的对数似然距离测度方法。两个类之间的距离要根据它们合并之后的对数似然值的下降量来表示，连续变量符合正态分布，离散变量为多项分布。

两个类 $i$ 和 $j$ 的距离为：

$$d(i, j) = \xi_i + \xi_j - \xi_{\langle i, j \rangle} \tag{7-6}$$

其中

$$\xi_v = -N \left[ \sum_{k=1}^{K^A} \frac{1}{2} \ln \left( \hat{\sigma}_k^2 + \hat{\sigma}_{vk}^2 \right) + \sum_{k=1}^{K^B} \hat{E}_{vk} \right] \tag{7-7}$$

$$\hat{E}_{vk} = -\sum_{l=1}^{L_k} \frac{N_{vkl}}{N_v} \ln \frac{N_{vkl}}{N_v} \tag{7-8}$$

以上表达式中：

$K^A$ 是输入变量中连续变量的个数；

$K^B$ 是输入变量中离散变量的个数；

$L_k$ 是第 $k$ 个离散变量取值不同的个数；

$N_v$ 是类别 $v$ 中样本个数；

$N_{vkl}$ 是类别 $v$ 中第 $k$ 个离散变量取值为 $l$ 的样本个数；

$\hat{\sigma}_k^2$ 是第 $k$ 个连续变量的方差估计值；

$\hat{\sigma}_{vk}^2$ 是类别 $v$ 中第 $k$ 个连续变量的方差估计值；

$<i, j>$ 代表由类别 $i$ 到类别 $j$ 组成的聚类。

式中，$\hat{\sigma}_k^2$ 的目的是为了防止当 $\hat{\sigma}_{vk}^2$ 的值为零时，自然对数无意义。

基于对数似然值的特殊性，即能够对离散与连续变量并行处理，因此实现了对任何类型变量进行聚类的目标。

（3）聚类数的确定。聚类数量应用"两阶段"方法自动确定最终的类别个数。

第一阶段，确立初始聚类数。基于生成的 $k$ 个叶子节点，计算其贝叶斯信息判别式（$BIC$），以此为判别准则确定整个样本被划分的合适类别数。有 $J$ 个聚类的划分方案的 $BIC$ 为：

$$BIC(J) = -2\sum_{j=1}^{J}\xi_j + m_j \ln(N) \tag{7-9}$$

$i=1$

其中

$$m_\varsigma = J\left\{2K^A + \sum_{k=1}^{k^\varsigma}(L_k - 1)\right\} \tag{7-10}$$

其余变量同上。

令 $dBIC(J)$ 代表第 $J$ 个类到 $J+1$ 个类之间的 $BIC$ 变化值，$R_1(J)$ 代表第 $J$ 个聚类决策相对于第 1 个决策的变化率，则：

$$dBIC = BIC(J) - BIC(J+1) \tag{7-11}$$

$$R_1(J) = \frac{dBIC(J)}{dBIC(1)} \tag{7-12}$$

若 $dBIC(1) > 0$，则 $BIC$ 值会始终呈上升趋势，此时聚类数设置为 1，聚类终止。反之，聚类数由 $k-1$ 增加到 $k$ 使 $BIC$ 值呈下降趋势，象类别数的初步预计值 $k$ 就是当 $R_1(J) < 0.04$ 成立时的最小的 $J$。

第二阶段，确定最终聚类数。根据上一阶段确立的初始聚类数 $k$，计算不同聚类方案的距离比率：

$$R_2 = \frac{d_{\min}(C_k)}{d_{\min}(C_{k+1})} \tag{7-13}$$

其中，$C_k$、$C_{k+1}$ 分别表示聚类数为 $k$ 和 $k+1$ 的聚类方案，$d_{\min}(C_k)$、$d_{\min}(C_{k+1})$ 分别对应两个方案中距离最小的两个簇之间的距离。

依次计算出 $R_2(k-1), R_2(k-2),..., R_2(2)$，得到 $R_2$ 比值序列。筛选出比值最大的两个 $R_2(i)$ 和 $R_2(j)$。若 $R_2(i)>1.15R_2(j)$，聚类数为 $i$，反之最终聚类数为 $i$ 与 $j$ 中的大者。

## 7.2.2 班线客运运营状况聚类分析

### 1. 客运运营现状及挖掘目的

道路运输作为综合交通的重要组成部分在交通系统中发挥着重要的作用，道路客运多年来一直承担着快捷、灵活、自由的旅客发送任务。但随着互联网的快速兴起与应用、民众出行方式的多元化选择、城市私家车数量的逐年增长，客运市场和供需关系正悄悄地发生着变化，道路客运的客流正逐渐被航空、高铁、私家车等交通方式分流。面对现状，行业管理人员应转变发展思路，充分发挥汽车机动灵活的优势，优化服务项目，提高市场份额。

某省道路旅客运输主要经营省际班线、省内跨市班线、市内跨县班线三种，以跨市班线为主，客运量最多。其中，在经营的省际班线大多每日均会发车，具体发车时间大部分相同，特殊时日会综合考虑旅客需求设定不同发车点，且各发车时间下的客运量参差不齐；跨市班线、跨县班线每日发车，有些线路班次量较少但集中在某一段时间范围内，或热点线路发车时间频繁，导致出现客运量分散、载客率较低的情况。从车辆类型、等级角度来看，三种客运方式均以小型车、普通车为主，以跨县班线最为突出，而大型车、高档车以省际班线为代表，卧铺客车也仅在省际客运中被使用。

通过典型例证，部分长途班线存在载客率极低的现状，面临取消线路的状况；一些班线只有在某些特定的日期下客运量较大，其余时间均未达到预期的客流状态；大部分班线在发车日均存在频繁的发车时间，尽管有些发车时间下的载客率不尽人意。这样的道路客运运营现状会制约行业的长期稳定发展，也不利于企业的长久盈利。具体现状情况如图 7-7、图 7-8、图 7-9 所示。

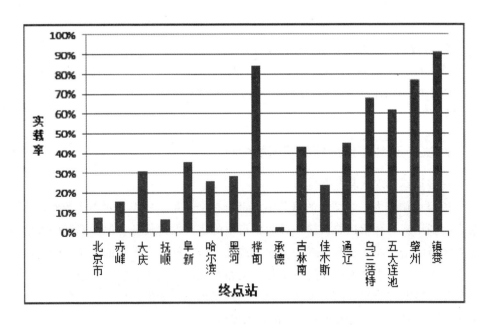

图 7-7　2016 年 1 月以某市为起点的长途客运班线实载率情况

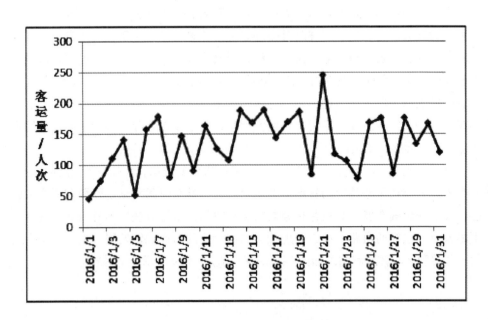

图 7-8　2016 年 1 月某班线客运量

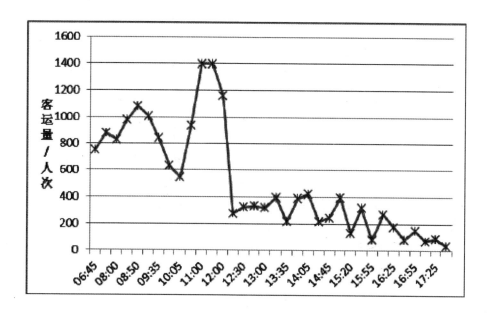

图 7-9 2016年1月某班线不同发车时间段的客运量

因此，针对个别班线的客源状况，客运经营管理者应该制定以旅客为中心、按需定制、灵活发班的客运经营模式，改变固定线路的发班日期、固定班次的发车时间常年固定不变的模式，在具体运营线路、发车日期、发车时间上进行适当调整，减少客源流失，增加车辆的有效利用率，便于管理者根据旅客需求灵活管控客运市场。

将基于某省客运联网售票系统及运政管理系统中关于旅客出行售票信息、客车班次数据库、车辆基础信息等大量历史数据，利用数据挖掘中的聚类分析方法，对同一类型中的所有班线进行聚类，划分出公众出行不同频繁级别的班线，以某一有代表性的班线为例，从发车日期、时刻的维度，发掘旅客出行的集中日期和时间，最终得到旅客乘车路线、时间的规律，对客运经营线路管理、客票发售特点和规律进行预测分析，便于车站合理安排线路、车辆的发车日和时间，争取以最少的成本获得最佳收益，服务最大客流。

2. 数据选择与预处理

客运联网售票系统每时每刻都会产生大量的客运生产、票务管理等动态信息，这为客运行业的数据共享、服务提供了真实、可靠、多样化的原始信息，也为行业、企业管理人员从宏观上了解客运生产现状，实施进一步的分析决策提供了有效的数据支撑。

所需数据来源于某省道路客运联网售票系统与运政管理系统，涉及静态信息如客运站、车辆、班次以及车辆调度、客票发售等动态信息，客运运营动态数据根据人们的购票行为而产生，在时间上连续，并具有一定的随机性。

信息系统中数据库多样化，表的属性结构也非常繁杂，对于不同的旅客运输主题，决策者的需求差异化明显，因而提取的数据集有关属性会不同。经过初步提取和部分数据汇总，得到分析需求的基础原数据。原数据是以某市为客运始发站的班线、客流信息，具体包括每日不同班线下相应的发车日期、时间、终到站、车牌号、定员、车型、运营里程、时间等基础属性，相应的售票张数、退票数、废票数等属性字段。选取历史数据的时间范围为 2016 年 1 月 1 日至 2016 年 6 月 30 日，数据涉及每一天具体班线的班次信息，经过有效的数据提取，以某市 A 客运站为始发站的数据量共计 98 410 条。

Step1: 设决策属性表 $DT = (U, C \cup D, V, f)$，对所有连续条件属性值 $a \in C$，对其进行大小排序为 $l_a = v_1 < v_2 < ... v_n$。

Step2: 设候选断点 $c_i = (v_{i-1} + v_i) / 2 \quad (i = 1, 2, ..., n_a)$。设 $X \subseteq U$，其实例个数记为 $|X|$，每个子集区间内决策属性为 $j$ 的实例个数为 $k_j$，$j = 1, 2, ..., r(d)$，定义各子集的信息熵为：

$$H(X) = -\sum_{j=1}^{r(d)} p_j \log(p_j) \qquad (7-14)$$

$$p_j \frac{k_j}{|X|} \qquad (7-15)$$

$H|X|$ 越小表明集合混乱性越弱，当 $H|X| = 0$ 时，实例的决策属性值相同，决策属性集的相容度不因数据的离散化而变化。

Step3: 断点 $c_i$ 将原样本集合 $X$ 划分为两个子集，$X_l = \{X_l \in X | X_l \leq c_i\}$ 和 $X_r = \{X_r \in X | X_r \geq c_i\}$。决策属性值为 $j$ 的实例中，令两个子集对应的实例个数分别记作 $l_j$ 和 $r_j$，则两个子集的信息熵分别为：

$$H(X_l) = -\sum_{j=1}^{r(d)} p_j \log(p_j), p_j = \frac{l_i}{\sum l} \qquad (7-16)$$

$$H(X_l) = -\sum_{j=1}^{r(d)} q_j \log(qp_j), q_j = \frac{r_j}{\sum r} \qquad (7-17)$$

Step4: 假设集合 $L = \{Y_1, Y_2, ..., Y_m\}$ 是在拥有断点集合 $P$ 下的决策属性集的等价类，在融入新断点 $c(c \notin P)$ 下的信息熵为：

$$H(c,L) = H^{Y_i}(c) + \ldots + H^{Y_M}(c) \tag{7-18}$$

$H(c,L)$ 越小，表明新断点对等价类划分的决策属性值越单一，断点越合理。

设 $P$ 为已有断点集合，$L$ 为被 $P$ 所划分的等价类，$B$ 为候选断点集，$H$ 为决策属性表信息熵，因此基于信息熵的数据离散化流程如图 7-10 所示。

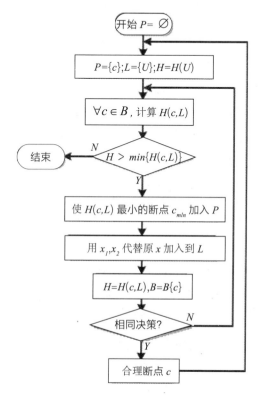

图 7-10　基于信息熵的数据离散化流程图

通过属性离散化，可以有效缩小数据集，减少数据的存储空间；离散后的指标更接近于知识，容易理解与分析，可提高学习的效率及质量；离散性的属性具有精确的分类器，便于识别和分类。

2. 基于属性依赖度的遗传约简

常用的属性约简算法有基于差别矩阵、属性重要度、属性依赖度的约简算法，但这些算法在处理大数据量，得到全面、最小属性约简上存在一些问题。因此，本文提出了基于遗传算法的属性约简方法，依据其全局搜索能力和并行处理特点，非常适合解决复杂优化问题，通过其智能式搜索、渐进式优化策略，可大大提高决策数据集属性约简的准确性和运行高效性。算法设计流程如下所示。

①初始种群的设定。初始种群设定即采用某种方法来表示遗传空间中的染色体。根据决策属性集知识约简的实际需要，采用 {0，1} 符号集的二进制编码方式来定义每个个体。假设条件属性集为 $C = \{c_1, c_2, ..., c_n\}$，在长度为 $n$ 的二进制染色体中，染色体的每个基因对应于某一条件属性，取"1"代表条件属性被选中，"0"代表条件属性未被选中。例如，一条长度为 10 的染色体 $x$ 的二进制表示为 1010010010，则代表 $x$ 的对应条件属性集为 $\{c_1, c_3, c_6, c_9\}$。

由于初始种群是随机产生的，为提高算法效率，按照属性的重要度和依赖度控制"1"出现的次数，使其出现的概率更大。

（2）适应度函数的选取。适应度函数是遗传算法的目标函数，可自适应地逼近目标值，得到全局最优解，因此其决定着群体进化收敛的方向。粗糙集的属性约简目标是在整体条件属性依赖度不变的情况下寻求最小条件属性集合，根据目标需求，定义适应度函数：

$$F(x) = \left(1 - \frac{card(x)}{n}\right)\frac{\beta}{1 + e^{a(\gamma_0 - \gamma(x))}} = f(x) \cdot p(x) \qquad （7-19）$$

其中，$f(x) = 1 - \dfrac{card(x)}{n}$，$n$ 代表决策表包含的总的条件属性长度，$card(x)$ 代表染色体 $x$ 中条件属性被选中为"1"的个数。因此，$f(x)$ 表示不含有的属性所占的比例，其目的是约简的条件属性个数最小化。

$p(x) = \dfrac{\beta}{1 + e^{a[\gamma_0 - \gamma(x)]}} (\alpha \geq 0)$ 为罚函数，$\beta$ 为罚因子，$\gamma(x)$ 为染色体 $x$ 中所含有的条件属性对决策属性的依赖度，$\gamma_0$ 为预设的阈值。通过设定合理的 $\alpha$ 值和 $\gamma_0$ 值，可以使罚函数在 $\gamma(x) > \gamma_0$ 时取值近似为 $\beta$，在 $\gamma(x) < \gamma_0$ 时取值逼近于 0，即在精度无法满足 $\gamma_0$ 时染色体适应值很小，满足要求时适应值不受影响。因此，$p(x)$ 的目的是使所含条件属性对决策属性的依赖度最大化。

（3）遗传算子。

① 选择算子：即从初始种群中筛选优良个体（适应值高）以生成子代群体。这里采用经典的轮盘赌选择策略，即通过适应度比例大小的方式来选择。一定规模为 $m$ 的群体 $T = \{x_1, x_2, ..., x_m\}$，染色体 $x_j$ 被选择的可能性为：

$$t_j = F(x_j) \bigg/ \sum_{i=1}^{m} F(x_j) \quad j = 1, 2, ..., m \qquad （7-20）$$

②交叉算子：即对染色体进行随机位串处理来得到子代个体。这里采用单点交叉的方式，以交叉概率 $p(c)$ 选择染色体进行两两交叉，在随机选择的交叉点处互换部分基因序列，得到新个体。

对于染色体 $x_1$ 、 $x_2$ ，交叉操作为：

$$O(p_c, q): c'_{1i} = \begin{cases} c_{1i}, q > p_c \\ c_{2i}, q \leqslant p_c \end{cases}, c'_{2i} = \begin{cases} c_{2i}, q > p_c \\ c_{1i}, q \leqslant p_c \end{cases} \quad (7\text{-}21)$$

其中， $c_{1i}$ 、 $c_{2i}$ ，为交叉前基因， $c'_{1i}$ 、 $c'_{2i}$ 为交叉后基因； $q$ 为取值在 [0,1] 上的均匀随机变量。

③变异算子：即对染色体某基因位进行随机反转以实现变异操作。这里采用基本位变异方法，根据一定的变异概率 $p(m)$ 选择变异点进行基因取反操作。

对于染色体 $x = c_1 c_2 ... c_n$ ，其变异操作为：

$$O(p_m, q): c'_i = \begin{cases} 1 - c_i, q_i \leqslant p_m \\ c_i, q_i > p_m \end{cases} \quad (7\text{-}22)$$

其中， $i$ 为非染色体核属性的基因位，为 $q_i$ 染色体中第 $i$ 个基因位的均匀随机变量， $q_i \in [0, 1]$ 。

④最优个体保存。选取每一代中适应值最大的染色体，替代下一代中适应值小于此值的染色体，这样可以保留每代中的最优个体，使迭代的每一代中最优个体的特性能够单调递增，保证算法的收敛性。

⑤算法终止条件。算法的终止策略为在连续迭代 $t$ 代之后，最优个体的适应值不再变化。与基本遗传算法相比，本算法根据属性依赖度和重要性限制了种群中某些属性的个体编码，并在适应度函数中引入惩罚函数，采用最优个体保存法以加快算法收敛速度。详细算法流程如图 7-11 所示。

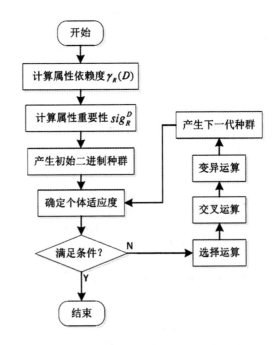

图 7-11　基于属性依赖度的遗传算法流程图

### 7.2.3　运输业户考核数据挖掘

1.考核现状与挖掘目的

根据一定的卫星定位动态监管系统运行状况考核管理机制，建立针对运管机构、运输企业、运营商平台的动态考核管理功能，可有效提高不同主体使用卫星定位平台的规范性、积极性，促进系统长效运行。实现对于不同主体的量化考核，有利于行业管理者对行业的宏观了解，对不同用户的监督、管控。

业户考核是卫星定位监管系统中动态考核的关键一项，考核范围包括班车客运、旅游客运和危险品货物运输的运输企业和个体业户，考核结果可按照日、周、月、季、年的时间节点进行统计查询。业户的考核指标共 9 项，具体包括平台连通率、车辆入网率、车辆上线率、轨迹完整率、数据合格率、卫星定位漂移车辆率、平台查岗响应率、日车均违规率、车辆违规自查率，每项指标有对应的考核分数，即 0~100 分，考核的最终结果是全部指标的综合得分，最佳得分为 100 分，得分越高，反映企业或个体业户的平台使用规范度越高。

经统计，目前某省范围全部运输业户共计 2 735 户，其中纳入平台管理的营业业户 2 508 户，大部分业户从事班车客运，占比达到 82%。

图 7-12 和图 7-13 所示为 2016 年 11 月某省业户考核情况分布图。根据雷达图,对于不同的考核指标,日车均违规率和卫星定位漂移车辆率得分越小越好,其他指标相反。同时,平台连通率、车辆入网率指标对业户综合得分的影响度最小。此外,在不同的得分范围内,车辆上线率和卫星定位漂移车辆率的波动最为显著。根据面积图,业户考核综合得分在 90 ~ 100 分、80 ~ 90 分范围的业户数较多,为高分档次,而低于 80 分的低分档次中,在 60 ~ 70 分的业户相对偏多。由于图示为某月的考核数据,结论的普适性和代表性还需通过大数据分析进一步验证。

对于管理部门,其关注点是业户考核中的最终得分与哪些指标的考核密切相关,而哪些指标在实际操作中贡献较少可以忽略不计,并能够仅通过查看重要考核指标的得分数值来很快得出结论。因此,根据不同影响因素对综合得分的重要性程度以及最终得分的分布情况,基于卫星定位系统中的大量业户考核数据,结合数据挖掘中的粗糙集理论和关联规则分析方法,选取某一时间统计范围内的历史数据,针对业户考核数据表,寻找在少量关键条件属性下的决策规则,通过简洁明了、科学有效的规则来帮助运输业户和行业管理者提高对卫星定位平台的监管。

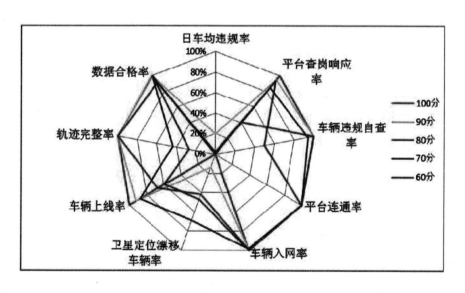

图 7-12 业户考核指标数据分布情况

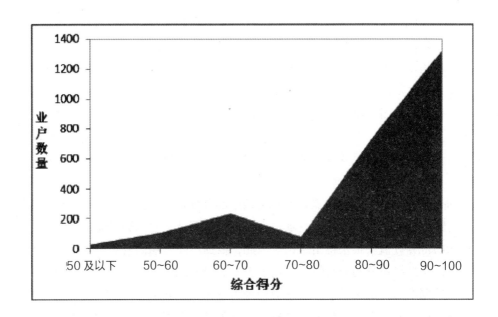

图 7-13　不同考核分数下的业户数量

2. 数据预处理

（1）数据来源与清洗。本章所需数据来自于某省卫星定位监管系统中的动态考核数据，选取业户考核中的周考核数据，筛选时间范围为 2016 年 4 月到 2016 年 12 月共 40 周的历史数据，每周的数据共有 2 503 条，合计数据量为 100 120 条，每条数据包含相应运输业户下的 9 项考核指标值以及最终得分，其中 95 114 条数据作为试验样本数据，剩余 5% 的数据作为训练样本数据，并随机选择试验样本。

设备条考核记录集为论域，考核的最终得分为决策属性，每项考核指标为条件属性，即卫星定位漂移车辆率、平台连通率、日车均违规率、轨迹完整率、车辆上线率、数据合格率、车辆违规自查率、平台查岗响应率。部分原始数据如表 7-3 所示。

表7-3　企业考核原始数据表

| 排名 | 总分 | 卫星定位漂移车辆率 | 平台连通率 | 日车均违规率 | 轨迹完整率 | 车辆上线率 | 车辆入网率 | 数据合格率 | 车辆违规自查率 | 平台查岗响应率 |
|---|---|---|---|---|---|---|---|---|---|---|
| 2223 | 68 | 91% | 100% | 0.3% | 26.9% | 88.1% | 100% | 96.3% | 100% | 100% |
| 2224 | 68 | 28.4% | 100% | 0% | 14.2% | 88.8% | 100% | 91% | 100% | 100% |

| 排名 | 总分 | 卫星定位漂移车辆率 | 平台连通率 | 日车均违规率 | 轨迹完整率 | 车辆上线率 | 车辆入网率 | 数据合格率 | 车辆违规自查率 | 平台查岗响应率 |
|---|---|---|---|---|---|---|---|---|---|---|
| 2225 | 68 | 75% | 100% | 4.7% | 37.5% | 100% | 100% | 96.8% | 100% | 50% |
| 2226 | 68 | 21.4% | 100% | 0% | 21.4% | 89.5% | 100% | 99.6% | 100% | 100% |
| 2227 | 68 | 47.4% | 100% | 0% | 30.5% | 89.7% | 100% | 98.1% | 100% | 100% |
| 2228 | 68 | 100% | 100% | 0% | 33.3% | 85.3% | 100% | 99.9% | 100% | 100% |
| 2229 | 68 | 100% | 100% | 0% | 60% | 88.5% | 100% | 100% | 100% | 100% |
| 2230 | 68 | 51% | 100% | 0% | 8.1% | 95.6% | 100% | 99.7% | 100% | 76.3% |
| 2231 | 68 | 59% | 100% | 0.1% | 15.1% | 98.6% | 99.4% | 99% | 100% | 69.1% |
| 2232 | 68 | 60% | 100% | 0% | 20% | 89.6% | 100% | 99.4% | 100% | 100% |
| 2233 | 68 | 60% | 100% | 0.3% | 25.7% | 87.4% | 100% | 99.9% | 100% | 90.4% |
| 2234 | 68 | 84.2% | 100% | 0% | 47.3% | 100% | 100% | 87.4% | 100% | 71.3% |
| 2235 | 68 | 66.6% | 100% | 0% | 66.6% | 85.7% | 100% | 99.7% | 100% | 100% |
| 2236 | 68 | 100% | 100% | 4.7% | 66.6% | 89.4% | 100% | 100% | 100% | 100% |
| 2237 | 68 | 10.4% | 100% | 0% | 4.6% | 98.2% | 100% | 99.5% | 100% | 50% |

　　由于原数据存在含噪声、不完整、不一致性等特点，需要经过一定的数据清洗才能提高数据质量，增强最终结果的有效性。基于现有数据特征及所存在的质量问题，将获得的 40 个周数据表合并，并将文本数据格式转换为数字数据，改正数据中存在的不合理数值（考核指标值大于 100% 的数据），对数据与相应指标对应不一致的进行修正（指标与对应得分存在窜位情况），简化各项指标的表示形式（用 $a1$、$a2$ ... 表示条件属性，用 $Dec$ 表示决策属性）。

　　（2）数据离散化。由于原数据为连续型数据，不适合应用粗糙集理论进行属性约简，因此需首先对连续数据进行离散化，才能实现对决策属性表的约简并得出规则，这也是本章数据预处理中最重要的一步。

　　数据的离散化采用前述的基于信息熵的监督式离散化方法，通过信息熵值的大小来界定数据集，保证离散化结果的相容性。将决策属性 $Dec$ 设置为参照变量来对各条件属性离散化，并根据数据分布情况和经验判断将最终得分的决策属性分类。由于平台连通率数值全部为常数（100%），因此在条件属性约简时将其自动剔除。基于信息熵的条件属性熵值结果如表7-4所示。

表7-4　各条件属性信息熵值

| 考核指标 | a1 | a2 | a3 | a4 | a5 | a6 | a7 | a8 |
|---|---|---|---|---|---|---|---|---|
| 指标含义 | 卫星定位漂移车辆率 | 日车均违规率 | 轨迹完整率 | 车辆上线率 | 车辆入网率 | 数据合格率 | 车辆违规自查率 | 平台查岗响应率 |
| 熵　值 | 2.555 | 3.057 | 2.800 | 2.436 | 3.428 | 3.143 | 3.449 | 3.397 |

根据信息熵理论，熵值越小表示集合的混乱程度越小，条件属性对决策变量的预测准确性越高。由此可见，车辆上线率 $a4$ 对考核结果影响最大，车辆入网率 $a5$ 和违章自查率 $a7$ 对最终得分的预测性较差。条件属性的离散化结果中，离散区间最多为3个，决策属性离散区间被分成4个，且 $Dec=4$ 为最佳决策值。

属性值离散化标准和数据处理部分结果如表7-5和表7-6所示。

表7-5　属性值离散化标准

| 离散化值 | | 1 | 2 | 3 | 4 |
|---|---|---|---|---|---|
| 条件属性 | $a1$ | [0,0.151) | [0.151,0.746) | [0.746,1] | … |
| | $a2$ | [0,0.071) | [0.071,1) | … | … |
| | $a3$ | [0.010,0.713) | [0.320,0.793) | [0.793,1] | … |
| | $a4$ | [0.333,1) | [0.713,0.857) | [0.857,1] | … |
| | $a5$ | [0,0.853) | 1 | … | … |
| | $a6$ | [0,1) | [0.853,1) | … | … |
| | $a7$ | [0,1) | 1 | … | … |
| | $a8$ | [0.019,0.333) | [0.333,1) | 1 | … |
| 决策属性 | $Dec$ | [0.60) | [60,80) | [80,95) | [95,100] |

表7-6 数据处理部分离散化结果

| 1 | $a1$ | $a2$ | $a3$ | $a4$ | $a5$ | $a6$ | $a7$ | $a8$ | $Dec$ |
|---|---|---|---|---|---|---|---|---|---|
| 2640 | 2 | 1 | 1 | 1 | 2 | 2 | 2 | 3 | 2 |
| 2641 | 2 | 1 | 2 | 2 | 2 | 1 | 2 | 3 | 2 |
| 2642 | 1 | 1 | 1 | 1 | 2 | 2 | 2 | 2 | 2 |
| 2643 | 3 | 1 | 2 | 2 | 2 | 1 | 2 | 3 | 2 |
| 2644 | 2 | 1 | 1 | 2 | 2 | 1 | 2 | 3 | 2 |
| 2645 | 2 | 1 | 1 | 4 | 2 | 1 | 2 | 1 | 2 |
| 2646 | 2 | 1 | 1 | 2 | 2 | 2 | 2 | 1 | 2 |
| 2647 | 3 | 1 | 2 | 1 | 2 | 2 | 2 | 1 | 2 |
| 2648 | 2 | 1 | 1 | 1 | 2 | 1 | 2 | 3 | 2 |
| 2649 | 3 | 3 | 2 | 4 | 2 | 2 | 2 | 3 | 2 |
| 2650 | 2 | 2 | 1 | 4 | 2 | 2 | 2 | 3 | 2 |
| 2651 | 2 | 1 | 1 | 1 | 2 | 1 | 2 | 3 | 2 |
| 2652 | 3 | 1 | 2 | 1 | 2 | 1 | 2 | 3 | 2 |
| 2653 | 2 | 3 | 1 | 4 | 2 | 2 | 2 | 3 | 2 |
| 2654 | 3 | 3 | 2 | 4 | 2 | 2 | 2 | 3 | 2 |
| 2655 | 3 | 3 | 2 | 4 | 2 | 2 | 2 | 3 | 2 |
| 2656 | 2 | 1 | 2 | 1 | 2 | 2 | 2 | 3 | 2 |
| 2657 | 3 | 3 | 2 | 4 | 2 | 2 | 2 | 3 | 2 |
| 2658 | 2 | 2 | 1 | 3 | 1 | 2 | 2 | 3 | 2 |

3.业户考核数据挖掘

（1）属性约简。应用基于属性依赖度的遗传算法，可避免局部最优解，减小输入数据宽度，提高关联规则挖掘的效率和结果的有效性。在此，首先需要求解决策属性表的属性依赖度和重要性。

决策属性集合 Dec 对条件属性 $C\left(C=\{a1,a2,a3,a4,a5,a6,a7,a8\}\right)$ 的依赖度为：

$$\gamma_c\left(Dec\right)=\left|POS_c\left(Dec\right)\right|/|U|=\left|\bigcup_{i=1}^{4}\underline{C}\left(Dec_i\right)\right|\Big/|U| \qquad (7-23)$$

$\gamma_c\left(Dec\right)$ 表示条件属性 C 可以准确判别决策属性 Dec 的等价类的能力。

其中

$$POS_c\left(Dec\right)=\underline{C}\left(Dec\right) \qquad (7-24)$$

$$\underline{C}\left(Dec\right)=\left\{x\left|\left(x\in U\right)\wedge\left([x]_c\subseteq Dec_i\right)\right\}=\bigcup\left\{Y_i\left|\left(Y_i\in U/C\right)\wedge\left(Y_i\subseteq Dec_i\right)\right\}\right.\right.$$

$$(7-25)$$

$$U/C=Y=\bigcup_{i=1}^{n}Y_i \qquad (7-26)$$

任意条件属性 $a_i\in C$ 在 C 中对决策属性 Dec 的重要性为：

$$sig_{C-\{a_i\}}^{Dec}=\gamma_c\left(Dec\right)-\gamma_{c-\{a_i\}}\left(Dec\right) \qquad (7-27)$$

为提高运算速率，将离散化决策属性表中重复数据条去掉，最终合并无重复数据共计 173 条。利用 Rosette 软件求取不同决策属性下知识的下近似集（正域），设置参数容错率 $\mu=0$，根据公式 7-23 至公式 7-27 求得知识 $R\subseteq C$ 对决策属性 Dec 的依赖度和重要性。以知识 a6 为例，其对决策属性 Dec =3 形成的各集合如表 7-7 所示，各条件属性对决策属性的依赖度、重要性如表 7-8 所示。

表7-7　条件a6对决策Dec=3形成的各集合

| | Universe | Upper | Lower | Boundary | Outside |
|---|---|---|---|---|---|
| 1 | {156} | {23, 46} | {23, 46} | {4, 39} | {156} |
| 2 | {63} | {37} | {37} | {3, 15} | {63} |
| 3 | {168} | {13, 29} | {13, 29} | {5, 14} | {168} |
| 4 | {113} | {4, 39} | {24} | {36, 50} | {113} |
| 5 | {92} | {3, 15} | {30, 45} | {8, 22} | {92} |
| 6 | {62, 111} | {24} | {20, 33} | {49, 162} | {62, 111} |
| 7 | {72} | {5, 14} | {28, 48} | {34, 51} | {72} |
| 8 | {161} | {30, 45} | {19} | {17, 147} | {161} |
| 9 | {77, 104} | {20, 33} | {11, 26} | {7, 21} | {77, 104} |
| 10 | {74, 116} | {36, 50} | {40} | {43, 55} | {74, 116} |
| 11 | {58, 73} | {28, 48} | {16, 41} | {31, 54} | {58, 73} |
| 12 | {52, 65} | {19} | {47} | | {52, 65} |
| 13 | {23, 46} | {11, 26} | {35} | | {2} |
| 14 | {37} | {40} | {42} | | {1, 9} |
| 15 | {13, 29} | {16, 41} | {25} | | {108} |
| 16 | {4, 39} | {8, 22} | {12, 27} | | {60} |
| 17 | {3, 15} | {47} | {32} | | {70} |
| 18 | {24} | {35} | {18} | | {139, 157} |
| 19 | {5, 14} | {49, 162} | {10} | | {127, 152} |
| 20 | {23} | {34, 51} | {44} | | {158} |

表7-8 属性依赖度及重要度

| $R$ | $C$ | $C-a1$ | $C-a2$ | $C-a3$ | $C-a4$ | $C-a5$ | $C-a6$ | $C-a7$ | $C-a8$ |
|---|---|---|---|---|---|---|---|---|---|
| $\gamma_R(Dec)$ | 1 | 0.792 | 0.769 | 0.329 | 0.566 | 0.723 | 0.780 | 0.884 | 0.803 |
| $sig_R^{Dec}$ | ... | 0.208 | 0.231 | 0.671 | 0.434 | 0.277 | 0.220 | 0.116 | 0.197 |

由表 7-8 可知，条件属性中 $a3$、$a4$ 对决策属性最重要，即考核指标中的轨迹完整率和车辆上线率为影响最终考核分数的关键指标，因而在利用遗传算法进行初始种群编码时，为提高算法收敛速度，将条件属性 $a3$、$a4$ 的基因位设置为"1"，其他条件属性的基因位则随机产生"0"和"1"。其他各参数设置为：种群规模 $m=30$，$\alpha=15$，罚因子；$\beta=2$，阈值 $\gamma_0=0.9$，交叉概率 $P_c=0.8$，变异概率 $P_m=0.03$，算法终止条件最大迭代数为 50。通过 matlab 仿真实验，在经过 23 代以后，适应度值开始保持不变，种群中个体趋于一致，即认为当前适应度函数值最大的染色体为全局最优解。

算法返回染色体为 10110101，即属性约简结果为 {$a1$，$a3$，$a4$，$a6$，$a8$}，对应指标含义为卫星定位漂移车辆率，轨迹完整率、车辆上线率、数据合格率、平台查岗响应率，最大适应度函数值为 0.946 4。染色体收敛情况如图 7-14 所示。

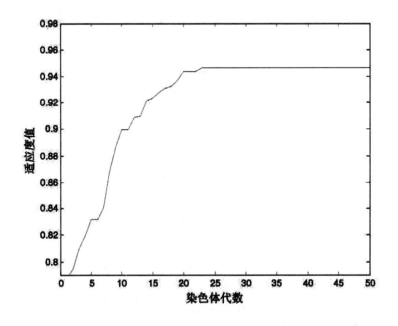

图 7-14 染色体收敛图

（2）关联规则挖掘。对约简后的数据应用Apriori算法进行关联规则挖掘，筛选出满足一定支持度和置信度的频繁项集，并对挖掘出的频繁项集进行值约简，使分类规则最简化。由于原9项企业考核指标减少为5项，使决策属性表的条件属性减少了44%，相应的工作量也减少44%，提高了平台运算速度。

试验选取 min_sup=10%，min_conf=75%，得到频繁项集，并将其中某些规则进行合并，得到企业考核最简规则集，如表7-9所示。

规则的现实意义为：考核分数最高（95~100分）的业户普遍漂移车辆率最低，轨迹完整率、车辆上线率及数据合格率最高；考核分数处于中上档（80~95分）的业户存在漂移车辆率较高、车辆上线率不足的问题；考核分数处于中下档（60~80分）的业户的车辆运营存在轨迹完整率、数据合格率较低及平台查岗响应较慢的问题；考核分数最低（0~60分）的业户在轨迹完整率及车辆上线率指标上表现最差。

表7-9 企业考核规则

| 序 号 | 规 则 |
|---|---|
| 1 | $a1(1)ANDa3(3)ANDa6(2)ANDa8(2)=>Dec(4)$ |
| 2 | $a1(1,2)ANDa3(3)ANDa4(3)ANDa8(2)=>Dec(4)$ |
| 3 | $a1(1)ANDa3(3)ANDa4(3)ANDa6(2)ANDa8(1)=>Dec(4)$ |
| 4 | $a3(3)ANDa4(2)ANDa8(1)=>Dec(3)$ |
| 5 | $a1(3)ANDa3(3)ANDa4(2)ANDa6(2)=>Dec(3)$ |
| 6 | $a1(3)ANDa3(3)ANDa6(2)ANDa8(2)=>Dec(3)$ |
| 7 | $a1(3)ANDa3(3)ANDa8(1)=>Dec(3)$ |
| 8 | $a3(1)ANDa4(3)ANDa6(1)=>Dec(2)$ |
| 9 | $a3(2)ANDa4(3)ANDa8(1)=>Dec(2)$ |
| 10 | $a1(1)ANDa3(1)ANDa6(1)=>Dec(2)$ |
| 11 | $a3(2)ANDa6(2)ANDa8(1)=>Dec(2)$ |
| 12 | $a3(1)ANDa4(1)=>Dec(1)$ |
| 13 | $a3(2)ANDa4(1)ANDa6(1)=>Dec(1)$ |

4. 规则评估

根据关联规则挖掘结果，基于剩余 5 006 条原始数据进行规则有效性的评估，其中有 4 501 条样本数据的验证结果与实际结果相符，业户考核规则的正确率达到 89.9%。因此，基于粗糙集和关联规则的运输业户考核数据挖掘可以得出有效的考核结果。规则评估部分结果如表 7-10 所示。

表7-10　规则评估部分展示

| 序　号 | 卫星定位漂移车辆率 | 轨迹完整率 | 车辆上线率 | 数据合格率 | 平台查岗响应率 | 实际结果 | 规则结果 |
|---|---|---|---|---|---|---|---|
| 1 | 65.4% | 29.7% | 88.3% | 90.5% | 83% | 70 | ［60，80） |
| 2 | 53% | 17.9% | 48.2% | 80.7% | 30.7% | 38 | ［0，60） |
| 3 | 23.1% | 100% | 76.3% | 94% | 100% | 92 | ［80,95） |
| 4 | 35.7% | 61.6% | 80.5% | 88% | 100% | 81 | ［60，80） |
| 5 | 7.1% | 86.7% | 98% | 97.4% | 100% | 98 | ［95，100） |
| 6 | 73.6% | 48.9% | 62% | 92.3% | 78% | 57 | ［0，60） |
| 7 | 77% | 80.8% | 90.1% | 96% | 100% | 85 | ［80,95） |
| 8 | 16.1% | 60.1% | 95.3% | 83.9% | 100% | 79 | ［60，80） |
| 9 | 5% | 95.4% | 98.6% | 100% | 90.8% | 100 | ［95，100） |
| 10 | 83.6% | 95.3% | 93.8% | 90.1% | 70.1% | 85 | ［80,95） |
| ...... | | | | | | | |

考核结果准确性分布情况如表 7-11 所示。

表7-11　考核结果准确性分布

| 项　目 | 考核结果分布 | | | |
|---|---|---|---|---|
| | $Dec$=1/［0，60） | $Dec$=2/［60,80） | $Dec$=3/［80,95） | $Dec$=4/［95，100） |
| 训练样本分布 | 551 | 1 201 | 1 902 | 1 352 |
| 正确数 | 501 | 1 050 | 1 693 | 1 257 |
| 正确率 | 91% | 87% | 89% | 93% |
| 总正确率 | 89.9% | | | |

由规则结果评估，基于粗糙集和关联规则方法对业户考核形成的规则集具有有效性，业户考核的最终得分与最初考核中的五项指标（卫星定位漂移车辆率、轨迹完整率、车辆上线率、数据合格率、平台查岗响应率）密切相关，通过五项考核指标与考核结果形成的关联规则，可以指导行业管理，简化管理程序。对运输业户而言，通过影响结果的关键指标提高自身使用信息平台的规范性，通过规则的划定来预先指导运输行为。对行业管理者而言，可以减少对象的考核项目，减轻信息系统中的数据存储量，并通过规则集实现自动考核结果的输出。

# 第 8 章　大数据在自助营销中的应用

作为数据人员，总是会被问及一个现实的问题：数据如何产生价值？很多情况下，数据通过间接的方式产生价值，而公司决策层却希望看到数据产生的直接价值，这也是很多公司对数据建设缺乏热情的重要原因。

数据产生价值的最直接途径非"数据营销"莫属，数据营销的理念已经提出了很多年，几乎每个公司的领导层都可能在会议上提及过"数据营销"的概念，但要真正实现数据营销，并不像想象中的那么轻松。

实际上，"数据营销"已经可以算是数据应用的高级形式了，首先必须有一个可靠且高效的数据基础平台，其次要有具备成熟经验的数据挖掘和数据建模团队，最后还要有系统开发应用团队。

当公司具备充分条件时，再来看数据营销，将是一件水到渠成的事情。当然，数据营销同样应该系统化、自动化，这是数据应用系统的又一个实证。

## 8.1　大数据在自助营销平台的价值

一个成熟的数据自助营销平台，具备以下功能。

（1）自动化营销，提升工作效率。

（2）降低营销成本，提升用户体验。

（3）个性化营销，提升响应率。

（4）统一管理，便于效果追踪。

上述几点是设计数据自助营销平台的出发点，也是说服公司决策层同意开发数据自助营销平台的重要切入点，因而有必要对上述几个方面做进一步的深入认识。

### 8.1.1　自动化营销，提升工作效率

在很多公司，每个业务部门都可能有一些运营人员，他们的职责是通过手工提交工单的形式，向技术部门申请提取数据进行营销。众多的业务运营人员提出五花八门的数据需求，希望数据工程师能够"急速"响应，以免错过转瞬即逝的营销窗口。而现实是数据工程师人力有限，几乎无法"及时"完成其中任何一种数据需求。

目前，国内大部分商业银行的信用卡中心，数据部门往往要对接整个公司所有的运营人员，而每个业务部门的运营人员可能同时提交多份数据营销需求，要求数据工程师从数据平台中筛选出满足条件的客户，提供这些客户的手机号、Email 等信息，用于在通知平台上发送信息以进行营销活动。按照这种模式，整个过程需要至少两周时间才能完成，就如图 8-1 所示的那样。

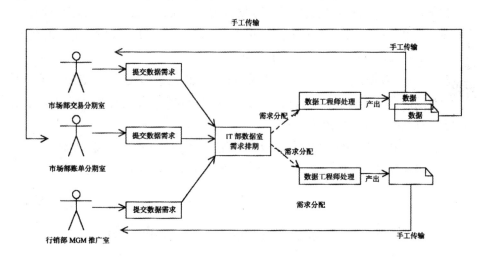

图 8-1　人工营销流程（以某商业银行信用卡中心为例）

在图 8-1 所示的流程中，IT 部数据室是一个效率瓶颈，由于仅有少量的数据工程师处理大量的数据需求，因而不得已采取需求排期的方式，这必然导致大多数数据需求不能及时处理。

流程中的另外一个问题在于，数据工程师产出数据后，需通过手工的方式传输相关数据至运营人员，然后再由运营人员在相应的通知平台上进行数据发送（营销短信、Email 或 App 推送），其中有大量的手工作业导致了非常高的操作风险。事实上，曾经发生过将睡眠户促动信息发送给活跃新户的情况。

从需求提交到最后获得加工后的数据，业务部门的运营人员不得不等待 2～3 周的时间，并且一旦出现数据返工的情况，就会消耗额外的时间，很可能导致错失营销窗口的情况。例如，为了进行双十一信用卡活动，行销部在 10 月 26 日即提交了数据提取需求，在 11 月 9 日得到了反馈，但数据检核时发现有部分客户不应该出现在营销列表中，不得不联系数据工程师进行数据返工，数据工程师在处理正常需求的同时只好加班加点处理返工的需求。

数据自助营销平台用于上述场景后，将彻底改变整个过程。如图 8-2 所示，引入数据自助营销平台后的新流程。

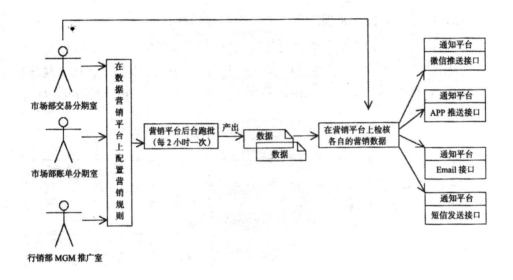

图 8-2 引入数据自助营销平台后的营销流程

从图 8-2 可以看出，数据自助营销平台完全摒弃了数据工程师的手工操作过程，业务人员只需登录数据自助营销平台，并配置对应的营销规则，营销平台后台将自动周期性地进行数据跑批，产出的数据也存储于数据自助营销平台上，业务人员通过抽检数据进行数据检核，一旦数据检核通过，营销数据将同步至通知平台的对应接口，自动进行信息发送。

改进后的流程从业务人员提交需求到最后产出营销数据，最快只需 2 个小时，从至少 2 周到最快 2 个小时，其效率有了质的飞跃。整个过程 IT 数据室已经不再是效率瓶颈，潜在的效率瓶颈在于营销平台后台跑批的机器性能。

对接通知平台降低了业务人员手工发送营销信息的操作风险，减少了业务人员的工作量，提升效率的同时节省了业务人员和 IT 数据人员的人力。

### 8.1.2　降低营销成本，提升用户体验

我们已经看到，数据自助营销平台能够提升工作效率，那么它同时又如何能够降低营销成本，并提升用户体验呢？这看似矛盾，实际上可以通过数据自助营销平台统一起来。

我们查看了笔者曾经收到的某 P2P 平台发送的通知信息。笔者有 7 张代金券将要过期，于是在同一天连续收到 7 条相似内容的代金券过期的短信息，如图 8-3 所示。

图 8-3　连续 X 条通知信息

显然，该 P2P 平台是通过每个代金券的到期时间来决定是否发送通知短信的，并且可以推断其没有使用类似数据自助营销平台的系统，而是让信息通知耦合在正常的业务系统中，用业务逻辑的方式来驱动信息通知。

这样做的两个直接坏处在于：首先，可以通过发送一条信息通知到用户，却使用了 7 条信息，浪费了公司营销费用；其次，用户连续收到相似的多条信息，导致客户体验较差，甚至可能影响到客户对该 P2P 公司专业性的质疑。

如果使用数据自助营销平台，那么业务人员要配置如下营销规则："客户有未使用的有效代金券"且"代金券到期日 – 当前日期 =3 的优惠券个数 > 0"，将营销频率设置为"每天"，并在通知平台配置对应的短信模板为"尊敬的客户，您

有 7 张未使用的代金券即将在 3 天后过期，累计金额为 ×××元，请登录平台查看详情"。这样，营销平台会周期性（每天）将符合营销规则的客户提取出来，并自动通过通知平台接口将营销信息发送出去，客户只会收到一条信息，通知其有即将过期的代金券未使用。

假设平均每个客户每天收到的通知短信由 5 条降到 1 条，一条短信费用为 0.05 元，每天需发送 1 万个客户，那么每天可节省的短信费用为 2 000 元。显然，通过数据自助营销平台，在节省了营销费用的同时，也减少了对客户的骚扰，提升了客户体验。

### 8.1.3 个性化营销，提升响应率

传统的数据营销容易落入一个陷阱：覆盖尽可能多的客户。这种"无差别式"的营销直接导致极低的响应率、过多的客户骚扰，当然也浪费了营销经费。有了数据自助营销平台，营销人员可以方便考虑个性化的"差异化营销"，这种差异化营销至少有两个方向可以考虑。

（1）在同一个营销活动中，不同客户收到的营销信息内容有差别。

（2）针对具体的营销活动，通过合理设置营销规则，对高响应率的客户进行促动。

例如，信用卡运营人员准备进行一次圣诞节促销活动，期望通过促销促动消费频率较低的客户积极用卡，并且尽可能地提高卡均消费金额。在通过营销平台设置营销规则的时候，首先限定"近 6 个月用卡次数 < 10"，然后根据限定客户的"偏好标签"设置奖励，如喜欢购买化妆品的女性客户，设置从圣诞节开始随后的 3 个月内，每月消费满 1 800 元即可在第 3 个月免费获得某个化妆品，其中的 1 800 元也是根据该客户的月均卡均消费计算出来的（略高于历史上的月均卡均消费额）。通过设置用户偏好的奖励物品，并将达标条件设置成略高于该客户的历史用卡水平，既可以提高用户的响应率，也可以提高用户的卡均消费额。需要明确的是，所有这些规则都可以在营销平台上简单配置完成。

另一个案例是，信用卡希望用户使用分期，以便赚取分期手续费和利息，但是不同的信用卡持卡人对分期的接受程度截然不同，有些人对分期乐此不疲，有些人对分期嗤之以鼻，而有些人对分期态度暧昧。显然，对分期乐此不疲的持卡人，并不需要过多的促动（因为他们会自行关注信用卡的分期活动）；对分期嗤之以鼻的持卡人，促动的响应率非常低，对他们进行促动将是资源的浪费（这些持卡人需要的是用卡观念的培养，而不是通过简单的信息促动）；对分期态度暧昧的持卡人才是真正需要促动的。

该如何找到对分期态度暧昧的持卡人呢？在上面的标签系统中，我们提到了将模型转化为标签的方法，因而可以通过创建一个客户分期意愿评分模型，并将模型评分转化为"分期意愿评分"标签，数据自助营销平台通过引用"分期意愿评分"标签即可划分不同的持卡人。由于数据自助营销平台是一个"规则配置"系统，因而运营人员可以通过"实验"的方式寻找到合适的"分期意愿评分"的范围，如通过若干次的小规模促动，发现"分期意愿评分35~55"的持卡人，对分期活动的参与度比之前明显提升，那么就可以认定"分期意愿评分"在35~55分的持卡人属于"对分期态度暧昧的持卡人"。

同样，注意到以上过程仅由运营人员进行规则配置，即完成了一次目标客户群寻找，而整个过程，IT部门的数据人员可能并不知晓。

### 8.1.4 统一管理，便于效果追踪

在使用数据自助营销平台之前，信用卡各个业务部门独自提交各自的数据营销需求给IT数据人员，一年通常会多达数千份，这些需求彼此之间会出现"客群交叉"，因而数据工程师不得不在处理每个需求时，排除掉近1个月内曾经参与过某项促销活动的客户，但由于需求众多，仅限于排除同类型的活动，因而如果两个看起来毫不相干并且来自不同业务部门的数据需求，数据工程师并不会对彼此的客群进行互相剔除，这样的结果会使活动的效果互相干扰，可能导致同时多个活动骚扰同一个客户。

而在数据自助营销平台上配置的营销活动，会被营销平台自动记录，并可以方便发现活动之间的客群交叉，这极大地方便了业务人员对活动效果的追踪，因为可以通过平台查询到同一时间进行的不同活动，发现彼此之间的相互影响。

数据自助营销平台对营销活动进行统一管理的另一个好处在于，数据分析人员可以通过营销活动记录，发现对当前业务波动原因的一些解释。比如，数据分析人员发现，上个月的开卡率比以往明显提高，因而考虑到可能是营销活动带来的影响，这时可以通过营销平台的活动记录查询出上个月进行的所有营销活动，进行分析并寻找原因。

## 8.2 大数据在自助营销平台的原则

基于前面提及的4个切入点，可以开始着手设计一个数据自助营销平台。我们会将主要精力放在营销平台的设计上（而不是具体实现上），因为这个平台功能

相对复杂，因而真正实现它需要一个项目组协同工作一段时间才能完成。作为读者，可以学习本书对平台的设计理念，然后在实际工作中立项实现这个系统。

## 8.2.1  数据营销活动的节点

一个系统一般分为前端和后端，前端使用 Web 页面，供用户操作，后端为逻辑计算，为前端展示提供逻辑和数据支持。对于数据自助营销平台，前端使用为业务部门的业务人员，后端的责任人为 IT 部门的数据工程师和系统开发工程师。下面从业务人员的角度入手，对数据营销进行逐步抽象和细化，完成平台的框架设计。

从运营人员角度考虑一个数据营销方案，首先是确定营销的客户群对象，从整体客户中圈出部分客户；其次，考虑对选定的客户进行营销动作，如发送短信（SMS）、电子邮件（Email）或 APP 推送。这两个阶段，我们分别称为 Selection 和 Action，这是一个营销活动最大粒度的抽象，如图 8-4 所示。

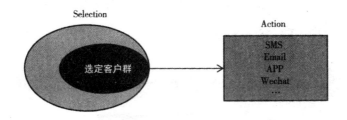

图 8-4  营销活动的两个阶段：Selection 和 Action

进一步对图 8-4 中的 Selection 阶段进行分解，发现选定客户群的方法实际上就是限定客户满足一定的要求。仍以信用卡客户为例，持卡 6 个月以上，近 3 个月累计消费笔数达 4 次以上，账单地址在上海……这些都是对客户群的限定。对这些限定进行抽象，可以得到如图 8-5 所示的 Selection 细分模型。

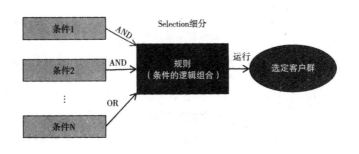

图 8-5  Selection 细分模型

从图 8-5 中可以看到，选定一个客户群是通过运行一个"规则"来实现的，而"规则"是由多个"条件"通过逻辑组合构成的。如上述例子中，条件 1 为持卡 6 个月以上，条件 2 为近 3 个月累计消费笔数达 4 次以上，条件 3 为账单地址在上海。

这 3 个条件通过 AND 组合成最后的规则 A：条件 1AND 条件 2AND 条件 3。后台批处理进程将根据规则 A 从全量客群中筛选出满足条件的客户群。

相对于 Selection，Action 部分主要完成对选定客户群的"促动"，因为营销活动本身就是将信息送达客户。当前的信息营销一般包括短信（SMS）、电子邮件（Email）、APP 推送、微信推送等渠道，因此 Action 部分需要选择其中的一个或者多个渠道，并按照对应渠道的接口要求，产出满足格式要求的作业文件，这些作业文件将自动传输至对应的渠道，并被自动发送出去。

通过上述过程，我们认识到一个数据营销活动包括 Selection 与 Action 两部分。Selection 由不同的条件组合成的规则构成，我们将数据自助营销平台的模型整合起来，得到如图 8-6 所示的平台逻辑架构，系统设计人员可以根据该架构进行页面逻辑流程设计。

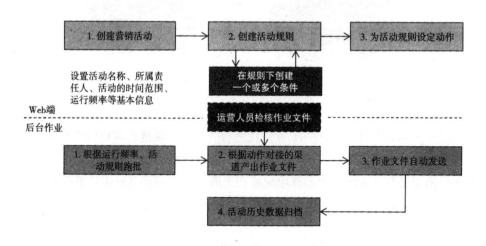

图 8-6　数据自助营销平台逻辑架构

运营人员登录营销平台，首先创建一个空的营销活动，然后在此营销活动下创建一个或多个规则，每个规则下创建不同的条件组合，最后为创建完成的规则设定一个动作，就完成了一个基本的数据营销活动配置。

## 8.2.2　数据自助营销平台的基础：标签系统

我们已经将营销活动抽象为 Selection 和 Action 两个步骤，并将其融入图 8-6 的逻辑架构中。要使得营销自助平台能够满足"自助"的要求（即业务人员在页面上进行配置，IT 数据人员尽可能不参与），还有一个重要的环节需要解决：活动规则下的条件从何而来？答案就是条件来源于标签系统。条件是由标签设置而成的，因而数据营销平台需要与标签系统进行对接，从标签系统中读取出所有可供使用的标签信息，并显示在自助营销平台的条件设置页面。仍以上述规则 A 中的三个条件为例，与标签的对应关系如表 8-1 所示。

因此，为了配置该规则，需要表 8-1 中对应的三个客户主题下的标签：MOB、Trx_Cnt_R3m、Adr_Cty。这三个标签分别属于客户主题下的基础标签、行为标签和衍生标签。运营人员在营销平台的规则设置页面选择需要的标签，并设置对应的条件，这些条件之间默认以 AND 连接，可以通过手工编辑逻辑关系进行调整。

表8-1　条件与标签对应表

| 条　　件 | 对应标签名称 | 转换为标签后的条件 |
|---|---|---|
| 持卡 6 个月以上 | 持卡时长（MOB） | MOB>=6 |
| 近 3 个月累积消费笔数达 4 次以上 | 近 3 个月累计消费笔数（Trx_Cnt_R3m） | Trx_Cnt_R3m>=4 |
| 账单地址在上海 | 账单城市（Adr_Cty） | Adr_Txt in（"上海"） |

由此可见，标签系统需要提供尽可能多的公用标签，以满足尽可能多的规则（条件）设置要求，一旦业务人员发现条件需要的某个标签不存在，就需要向 IT 数据人员提交新增标签需求，当 IT 数据人员将新的标签增加到标签系统之后，业务人员就可以在营销管理平台的上述页面看到并使用该标签。

页面提交时，规则对应的逻辑关系保存至后台数据库，其中的标签以标签 ID 的形式进行保存，通过标签 ID 可以进一步寻找标签所在的事实表，并取得对应的标签值。最终的逻辑关系值如果是 true，则表明该客户满足该规则；如果结果为 false，则表明该客户不满足该规则，因而不属于目标客户群。

下面将进一步探讨规则值（即逻辑关系值）的批量计算过程。

### 8.2.3 数据自助营销平台的批量任务

上面将营销活动的规则通过页面转换成了条件之间的逻辑组合，后台批量处理的任务就是为每个客户计算出逻辑组合的值，并筛选出逻辑值为 true 的客户作为目标客户。为了便于追踪，我们先计算出每个条件的布尔值，并保存在数据库中，然后再计算出整个条件组合的布尔值。

为了体现出数据库批量计算的优势，最好的方式是将条件解析成 SQL 语句，然后执行该 SQL 语句，得出该条件的布尔值。以条件"持卡时长 >=6"为例，"持卡时长"是标签平台中的一个标签，假设其标签 ID(TagId) 为 23,通过该标签 ID 可以查询出该标签值所在的表名（Fct_Clt_BaseInfo) 和列名（MOB)。整个解析过程如图 8-7 所示。

图 8-7　条件解析成 SQL 的过程

上述条件解析得到的 SQL 脚本为：

Select Clt_Nbr,case when MOB>=6 then 1 else 0 end as Torf from Fct_Clt_BaseInfo

这个 SQL 脚本将作为一个字段存放在一个批处理脚本表中，这个表存放的 SQL 脚本将被另一个存储过程在批处理过程中逐条取出并执行，该表存放的内容样例，如表 8-2 所示。

表8-2　批处理脚本表内容示例

| 批处理 ID | 营销活动 ID | 规则 ID | 条件 ID | SQL 脚本 |
|---|---|---|---|---|
| 1 | 12 | 1 | 1 | select Clt_Nbr,case when MOB >= 6 then 1 else 0 end as TorF from Fct_Clt_BaseInfo |
| 2 | 12 | 1 | 2 | select Clt_Nbr,case when Trx_Cnt_R3m >= 4 then 1 else 0 end as TorF from Fct_Clt_BaseInfo |
| 3 | 12 | 1 | 3 | select Clt_Nbr,case when Adr_Cty in（'上海'）then 1 else 0 end as TorF from Fct_ Clt_BaseInfo |

这样，批处理存储过程从表 8-2 中逐条取出 SQL 脚本字段，运行后将结果存放在另外一个结果表中，如表 8-3 所示。

表8-3　批处理条件结果表内容示例

| 批次日期 | 批处理 ID | 客户号 | 结　果 |
|---|---|---|---|
| 2016/11/01 | 1 | 100001 | 1 |
| 2016/11/01 | 1 | 100002<br>…… | 0 |
| 2016/11/01 | 2 | 100001<br>…… | 0 |

从表 8-3 中可以看出，每个客户号对应的每个条件都计算出了结果（1 或 0，对应 true 或者 false），然后根据逻辑关系表即可计算出所有规则结果为 true 的客户号，这些客户号连同其对应的属性信息存放在规则结果表中，内容如表 8-4 所示。

表8-4　规则结果表

| 批量日期 | 营销活动 ID | 规则 ID | 客户号 | 手机号 | Email |
|---|---|---|---|---|---|
| 2016/11/01 | 12 | 1 | 100034 | 135****** | quezy@test.com |
| 2016/11/01 | 12 | 1 | 201001 | 186****** | ×××××@<br>test.com |
| …… | …… | …… | …… | …… | …… |

后续的 Action 阶段将根据规则结果表产出对应的短信作业文件或者 Email 作业文件，这部分内容需要根据不同的渠道产出不同格式的作业文件，限于篇幅，不再详述。

## 8.2.4　实时数据营销

实时数据营销也叫"基于场景的营销"，营销内容与客户所处的"场景"紧密结合。例如，当客户到加油站加油，刷卡付款后，就会收到某汽车润滑油的促销信息；如果客户手机中安装了某 P2P 公司的 APP，靠近该 P2P 公司的门店时，就会收到门店推送的定制化投资理财信息。

实时营销的数据处理方式由原来的批处理改为"实时处理"，即对单个客户应用营销规则，这本质上与批量营销没有区别，但是从技术上来看，需要引入"消息队列"。目前的 Kafka、ActiveMQ 等均可以很好地支持这种营销场景（见图 8-8)。消息队列将用户基于场景的"动作"转换为一个"消息"供数据营销平台"消费"，数据营销平台接收到该消息后，依据之前配置的营销规则实时进行处理，并实时反馈营销结果给客户。

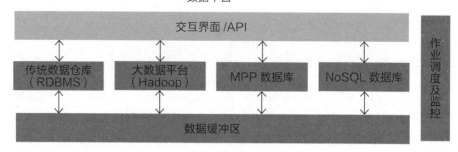

图 8-8　数据平台架构示意图

实时化是数据营销平台的发展趋势，在搭建数据营销平台时需要重点考虑实时营销与批量营销之间的框架兼容问题，这往往需要系统架构师的参与，这里不再进一步阐述。

# 8.3　大数据在自助营销平台的场景实例

## 8.3.1　客户生命周期管理

客户生命周期管理是数据营销的一种特殊场景。很多公司将客户生命周期管理单独作为一个系统进行运营，实际上使用本书中的数据营销平台，完全可以涵盖主要的客户生命周期场景。下面以一家 P2P 公司客户生命周期维护为例，来具体剖析数据营销平台如何为客户生命周期维护提供服务。

一个典型的 P2P 客户生命周期包含如图 8-9 所示的 6 个阶段。

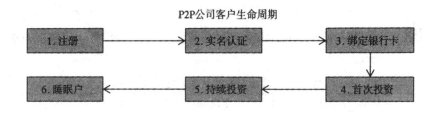

图 8-9　P2P 客户生命周期

客户由注册到首次投资是一个"客户群衰减"的过程，前一个阶段的客户仅有一部分流转到下一阶段。如图 8-10 所示为阶段 1～阶段 4 的漏斗转化图（数据来源于 2016 年某 P2P 公司）。

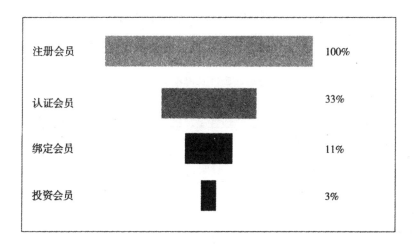

图 8-10　客户转化漏斗图

从图 8-10 可以看出，在所有注册会员中，约有 33% 的会员会进行认证，约10% 的客户绑定了银行卡，约 3% 的会员进行了投资，每个阶段到下一个阶段的转化率为 30%～33%。

作为公司的运营人员，显然希望注册会员能够尽可能多地转化为投资会员。当客户注册成为会员后，公司通过发送短信的方式促动注册会员进行认证、绑定和投资。对注册会员进行短信促动，存在如图 8-11 所示的促动窗口，现在需要做的是确定每个窗口的截止时间点。

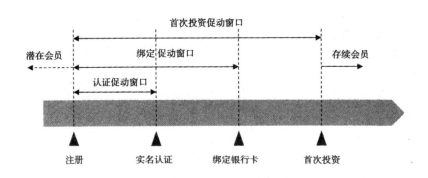

图 8-11　促动窗口示意图

为了便于表述，我们引入会龄（会员年龄）的概念：会龄（天）= 当前日期 −注册日期。显然，注册当天会龄 =0。通过分析现存的活跃投资会员，发现如表8-5 中所示的数据（表中所示比率为对应行中的累计比率）。

表8-5　会龄与累计转换率之间的关系

|  | 0 天 | 7 天 | 30 天 | 180 天 |
|---|---|---|---|---|
| 实名认证 | 96% | 98% | 99% | 99.7% |
| 绑定银行卡 | 67% | 82% | 90% | 97% |
| 首次投资 | 48% | 76% | 90% | 98% |

从表 8-5 中可以看出，针对当前活跃的投资会员，在会龄 =7 天时，累计实名认证的比率达 98%，此时累计绑定银行卡和进行首次投资的会员比率分别为 82%和 76%，当会龄达到 30 天后，这两个比率均达 90%。

从提高转换率和缩短首次投资会员的会龄来考虑，可以设置如表 8-6 所示的促动时间点。

表8-6　促动时间点

|  | 1 天 | 8 天 | 31 天 | 181 天 |
|---|---|---|---|---|
| 实名认证 | 实名认证促动 | 实名认证促动 | N/A | N/A |
| 绑定银行卡 | 绑定促动 | 绑定促动 | 绑定促动 | N/A |
| 首次投资 | 投资促动 | 投资促动 | 投资促动 | N/A |

注：实名认证促动仅针对注册未实名认证的会员，绑定促动仅针对实名认证后未绑定银行卡的会员，投资促动类推。

根据表 8-6,可以在数据自助营销平台上按以下步骤进行配置。

1. 创建活动

活动名称：会员生命周期管理

时间范围：永久

运行频率：每天

2. 创建三个规则

（1）实名认证促动规则

（2）绑定促动规则

（3）首次投资促动规则

3. 分别为三个规则创建条件

（1）实名促动规则

条件 a1: 会龄 =1 天（标签：会龄）

条件 a2: 是否实名认证 =false( 标签：是否实名认证）

条件间的逻辑组合为：条件 a1 AND 条件 a2

（2）绑定促动规则

条件 bl: 会龄 in(l 天，8 天，31 天）

条件 b2: 是否实名认证 =true

条件 b3: 是否绑定银行卡 =false( 标签：是否绑定银行卡）

条件间的逻辑组合为：条件 b1 AND 条件 b2 AND 条件 b3

（3）首次投资促动规则

条件 cl: 会龄 in(l 天，8 天，31 天）

条件 c2: 是否实名认证 =true

条件 c3: 是否绑定银行卡 =true

条件 c4: 是否进行过投资 =false( 标签：是否进行过投资）

条件间的逻辑组合为：条件 c1 AND 条件 c2 AND 条件 c3 AND 条件 c4

4. 为每个规则设置动

（1）实名认证促动规则

动作：发送信息

渠道：短信（选择短信模板、发送时间段等）

（2）绑定促动规则

动作：发送信息

渠道：短信

（3）首次投资促动规则

动作：发送信息

渠道：短信、Email

经过以上步骤，完成基于数据营销平台的客户生命周期管理活动配置。该活动仅关注会员的认证、绑定、首次投资等时间点，如果想加入其他时间点，如睡眠户促动时间点、会员生日祝福等，只需要在该活动下新增新的规则，并对规则进行相应配置即可。

数据自助营销平台根据上述配置，每天晚上进行数据批处理，自动批量产出短信或 Email 文本，第二天通知平台会依据这些文本自动发送短信或 Email。活动只需一次配置，永久生效（只要不停用该活动），完成了对客户生命周期的自动维护，这是数据自助营销平台的典型应用。

### 8.3.2 用卡激励计划

假设某商业银行策划这样一个用户用卡激励活动：2016 年 12 月 1 日 –2017 年 1 月 3 日，在上海地区使用 62 开头的银联信用卡刷卡消费，单笔满 188 元，累计满 3 笔送剃须刀；累计满 6 笔送拉杆箱；累计满 9 笔送双立人刀具。2016 年 10 月 –2016 年 11 月期间参与活动 A 的用户，不参与此活动。

另外，该活动还附加一些短信促动，当用户在此期间累计刷卡满一定笔数，将会收到相应的短信，告知客户目前的刷卡状态，如表 8–7 所示。

表8-7　短信促动对照表

| 笔数 | 短信内容 |
| --- | --- |
| 2 | 您已累计 2 笔满 188 元刷卡消费记录，2017 年 1 月 3 日前再进行 1 笔满 188 元刷卡消费，即送你电动剃须刀。刷满 6 笔送拉杆箱，礼品不叠加 |
| 3 | 您已累计 3 笔满 188 元刷卡消费记录，获得电动剃须刀赠送资格，2017 年 1 月 3 日前刷满 6 笔每笔 188 元消费，送电动剃须刀，刷满 6 笔送拉杆箱，礼品不叠加。请在 1 月 10 日前登录 ×××× 选择礼品，过期视为放弃赠送资格 |
| 5 | 您已累计 5 笔满 188 元刷卡消费记录，2017 年 1 月 3 日前再进行 1 笔满 188 元刷卡消费，送电动剃须刀。刷满 6 笔送拉杆箱，礼品不叠加。请在 1 月 10 日前登录 ×××× 选择礼品，过期视为放弃赠送资格 |
| 6 | 您已累计 6 笔满 188 元刷卡消费记录，获得拉杆箱赠送资格，2017 年 1 月 3 日前刷满 9 笔送双立人刀具，礼品不叠加。请在 1 月 10 日前登录 ×××× 选择礼品，过期视为放弃赠送资格 |
| 8 | 您已累计 8 笔满 188 元刷卡消费记录，2017 年 1 月 3 日前再进行 1 笔满 188 元刷卡消费，即送双立人刀具。请在 1 月 10 日前登录 ×××× 选择礼品，过期视为放弃赠送资格 |
| 9 | 您已累计 9 笔满 188 元刷卡消费记录，获得双立人刀具赠送资格，请在 1 月 10 日前登录 ×××× 选择礼品，过期视为放弃赠送资格。刷银联卡，生活更精彩 |

短信发送部分实际上是一个实时营销的场景，因为最好的情况是当客户刷卡后进行即时提醒，不过我们首先使用批量营销的方式通过数据自助营销平台完成上述工作，随后再来讨论一下实时营销的方式。

在数据自助营销平台上按以下步骤进行配置。

1. 创建活动

活动名称：2016 年年末用卡激励计划

活动时间范围：2016 年 12 月 1 日 –2017 年 1 月 3 日

运行频率：每天。

2. 在"2016 年年末用卡激励计划"活动下创建规则

（1）刷卡 2 笔

（2）刷卡 3 笔

（3）刷卡 5 笔

（4）刷卡 6 笔

（5）刷卡 8 笔

（6）刷卡 9 笔

3. 为每个规则创建条件

公共条件 1: 参与过的活动 =A( 标签：参与过的活动）

公共条件 2: 活动的时间范围为 2016 年 10 月 1 日 –2016 年 11 月 30 日（标签：活动的时间范围）

公共条件 3: 每笔金额 ≥ 188 元（标签：每笔金额）

此处使用了"参与过的活动"这个标签，因而需要在标签后台提前准备好一个"近 12 个月活动参与情况标签表"，用于记录一年内客户参与过的所有活动，以及活动的相关信息

（1）规则名称：刷卡 2 笔

条件 a1: 累计刷卡笔数 =2( 标签：累计刷卡笔数）

条件间的逻辑组合为：NOT( 公共条件 1AND 公共条件 2)AND 公共条件 3AND 条件 a1

（2）规则名称：刷卡 3 笔

条件 bl: 累计刷卡笔数 =3

条件间的逻辑组合为：NOT( 公共条件 1AND 公共条件 2)AND 公共条件 3AND 条件 bl

其余规则类同。

4. 为每个规则创建动

（1）规则名称：刷卡 2 笔

动作：发送信息

渠道：短信（选择短信模板 1、发送时间段：10:00 ~ 11:30)

（2）规则名称：刷卡 3 笔

动作：发送信息

渠道：短信（选择短信模板 2、发送时间段：10:00 ~ 11:30)

其余动作设置与此类同

经过上述过程，我们已经完成了一个相对复杂的数据自动营销，一次设置，自动执行。如果使用传统的人工跑数据方式，那么在 2016 年 12 月 1 日 –2017 年 1 月 3 日期间，需要在每天的 10:30 前通过人工运行 SQL 脚本的方式准备好所有的短信数据，期间还有若干个周末，对于数据工程师来说，这真是一个无聊而郁闷的工程。通过使用数据自助营销平台，解决了数据工程师的痛苦，也保证了数据的质量（排除了人工操作风险）。

尽管使用上述批量处理的方式解决了用卡激励计划，但最好的方式是使用实

时数据营销的方式。因为使用批量营销的方式，需要 T+1(即第二天）触达客户，造成信息延迟，最好的方式是在客户刷卡后，可以即时获得短信促动，即"基于场景"的信息促动。

如果使用这种"基于场景"的促动，需要将用户的刷卡交易行为从主机系统（或者信用卡授权系统）弹出至消息队列（如 Kafka) 中，然后数据自助营销平台作为 Kafka 消息的消费者，对接收到的交易"消息"进行处理，来实时进行短信促动。其基本流程与批量处理基本一致，只不过数据的来源是消息队列中的"实时"数据。

# 第 9 章　大数据在医疗中的应用

　　从人类长远发展来看，大数据应用的最佳领域便是卫生保健和医疗领域，毕竟，这一领域很长时间以来一直拥有巨大的数据量。此外，这一行业尽管已经高度分离细化，但早已成为数据化驱动产业。这样看来，下一个合乎逻辑的步骤应是采集数据、分析不同数据集，用于行业数据分析。事实也正是如此。显而易见，大数据分析迅速促进了医学进步，也将带来更好的治疗效果。

　　遗憾的是，说易行难。一方面，很多业内人士掌握专利信息数据，极具竞争力，与现有和潜在的竞争对手分享这些信息会令他们极度不安。另外，该行业受到严格监管，披露这些数据可能会触犯法律法规，让他们陷入不必要的麻烦之中。医疗信息监管方面最大的担忧来自美国 1996 年开始实施的健康保险携带和责任法案 (Health Insurance Portability and Accountability Act，HIPAA)，该法案管理患者健康信息的共享、存储和使用，这一法案在卫生信息技术促进经济和临床健康法案 ( Health Information Technology for Economic and Clinical Health Act，HITECH) 中得以推进，相比之下，其他国家的卫生保健机构都没有公开病人的健康信息。只共享一个病人的数据就已经困难重重了，怎么做到共享数千人，甚至数以百万计的病人数据呢？

　　尽管存在很多挑战，医学科技数据共享仍在不断发展，包括加快治疗、提高治愈和疫苗免疫效果；迅速转变模式，改善治愈效果；优先开发基于遗传因素的药物，发展医药定制生产，取代不久将失效的抗生素；找到新的、更有效的方式，取代放在首位的健康问题；激发整个医疗保健系统在规模上进行前所未有的创新。这些都只是众多目标中的一小部分，此外还有更多。

# 9.1  解决抗生素危机

加快大数据应用，实现这些目标的一部分动力是由于时间过于紧迫。一方面，长期使用抗生素造成细菌形成抗药性，使常用抗生素效果变差或完全失效。一个广为人知的例子是耐甲氧西林金黄色葡萄球菌 (MRSA)，它是一种抗生素耐药性细菌，但它并非异常现象。很快，几乎所有的有害细菌都将变成抗生素耐药细菌。正如美国国家疾病控制与预防中心副主任阿琼·斯里尼瓦森 (Arjun Srinivasan) 医生 2013 年 10 月描述的那样：

"很长时间以来，媒体一直在连篇累牍地报道'抗生素，终结了吗？'现在我想说，媒体可以将题目改为《抗生素已终结》。

我们就在这里。我们生活在后抗生素时代。有些患者我们无法治疗，我们处在一个尴尬的位置上，病人感染了一种传染病，或许 5 年前可以治愈，但现在不能。"

斯里尼瓦森指出，抗生素耐药不仅本身很危险，长期服用抗生素，也降低了人体免疫力。换句话说，我们今天看到的小型常规手术突然变得很致命；同理，其他医疗服务，如器官移植、肾透析和癌症病人化疗也是如此。

斯里尼瓦森继续解释道，医学界从其档案记载中寻找这些年还没有被使用过的抗生素作为权宜之计。意思就是我们不得不重新从医学档案资料中寻求帮助。我们不得不重新使用和重温一些已经许多年未曾使用过的老的抗生素。因为毒性太大，所以才会停止使用这些抗生素。而新的抗生素毒性并不是很强，自然停止旧的，使用新的。

黏菌素就是一个很好的例子，现在我们重新开始使用黏菌素，目前我们使用大量的黏菌素，而且每年使用量都在增加。它毒性很强，损害肾脏。所以我们并不太想过多地使用它。但是，现实要求我们不得不这样做。

真正令人担忧的是，现在细菌甚至对黏菌素也产生了耐药性，所以即便病人产生感染，我们也无法提供良好的治疗。病人情况转好或变差的基础取决于病人本身对细菌感染的防御能力，而我们本身没什么东西可以帮助他们变得更好。

2013 年 11 月 17 日，世界顶级严肃医学期刊《柳叶刀》曾在《柳叶刀传染病》杂志上发表了一份题为《对抗抗生素耐药性：需全球化响应》的报告。这份报告明确指出在面临和解决全球抗生素耐药情况时固有的问题：

"已经有很多文章描述了抗生素耐药性问题的各个层面和相应的干预措施。然而，最缺乏的是协调一致的行动，特别是在政治层面上，国家间和国际级别的合作……除非立即采取真正的、前所未有的全球范围协调一致的行动，否则仅几年内，我们就可能会面临着医学、社会和经济等方面可怕的退步。"

克服这一威胁的另一巨大障碍是经济因素，包括各经济体为寻求发展争夺有限的资源，以及不同制药公司的营利能力。这份报告讲述了营利性抗生素的发展带来的影响：

"自 20 世纪 70 年代至今，只有两类新的抗生素问世。科茨 (Coates) 和伯格斯坦 (Bergstrom) 表示，很显然需要进行新产品开发。然而，新抗生素潜在营利能力 (和投资研发的诱因) 仍面临经济挑战。创新的融资方案用以促进新产品开发研究，制药公司试图最大限度地销售任何新开发产品的动力也随之消除。来自英国卫生经济学办公室 (Office of Health Economics) 的数字表明，一家制药公司推出的一种新的治疗肌肉骨骼系统的药物可能比一种新的抗生素价值要高 20 倍，这让融资变得没那么困难。新的协作模式，如在学术界、研究资助者和非营利组织之间，有利于重新启动陷入僵局的抗生素研发。

女士们，先生们，利用大数据解决这些问题蕴含着重要动机，尽管这样做个人隐私将会受到挑战。但如果我们不这样做，世界各地很多人都将会死去。"

## 9.2　使用大数据治病

感染症不是夺去无数人生命的唯一疾病。越来越多的人因癌症、心脏病、糖尿病和其他疾病失去生命。虽然护理和治疗方法不断改进，但对拯救地球上数以百万计因这些疾病而死亡的人们来说效果还是过于缓慢。

这就迫切需要与世界各地传统和非传统研究者分享大量信息，大规模、齐心协力地寻找有效的解决办法。为什么也要关注那些非传统的研究者呢？因为通常最佳的解决方案往往来自于不受传统思维、教义或以利润为导向局限的头脑。例如，一个名叫杰克·安德拉卡（Jack Andraka）的 16 岁美国高中二年级男孩于 2013 年完成了专业人员用几十年才能完成的科研成果。

"我创造了一种新型检测方法，只需花 3 美分，5 分钟就能检测出患者是否患有胰腺癌、卵巢癌和肺癌，"安德拉卡在 2013 年 5 月接受哥伦比亚广播公司 (Columbia Broadcasting System，CBS) 晚间新闻采访时说道。他的方法比医学界现有的测试方法快 168 倍，价格便宜 26 000 多倍，灵敏度高达 400 多倍。85% 的胰腺癌确诊都太晚，晚期确诊时治愈机会只有不到 2%。当前的测试方法一次要花费

800 美元，仍有 30% 的胰腺癌无法测出。

只有万众一心、齐心协力，才能解决我们今天面临的巨大问题，无论是天才高中生、生物黑客、学术人员还是政府或商业研究人员都要携起手来。毫不夸张地说，无论对患者个人还是整个人类，时间都不多了。

# 9.3 基于改进 Apriori 算法的肺部肿瘤疾病模式分析

大规模的数据集、数据量通常达到了 TB 级，甚至 PB 级，对数据的相关性计算要求也越来越高。海量的数据集很难利用传统方式进行分析和查询，特别是当数据本身相当复杂时，传统的数据挖掘平台无法在效率、可扩展性等方面适用医疗大数据分析需求。Hadoop 是在大数据背景下诞生的分布式计算平台，将传统挖掘算法基于 Hadoop 平台实现，利用集群的优势完成对海量数据的存储、并行计算、分析任务，获得扩展性和处理性能方面的提升，从而得以实现将关联规则适用于大规模医疗数据的处理要求。

## 9.3.1 基于 Hadoop 的 Apriori 算法改进

医疗大数据中的文档数据是典型的高维数据，直接利用 Apriori 算法产生的关联规则往往没有针对性，由于医疗大数据具有复杂庞大的特点，需要一种改进方法，使其能适应医疗大数据，高效地挖掘出病症间的关联关系。传统 Apriori 算法存在的诸多局限性，在改进时需要考虑减少事务数据库的扫描次数并简化候选集的产生。

引入 Hadoop 平台，利用平台的强大集群，MapReduce 编程框架的高效便捷和 HDFS 的存储安全等特点，对数据进行处理分析。MapReduce 的核心思想是将大数据集切割成小数据块，利用集群中的节点进行分布式处理。面对医疗大数据如此庞大的数据量，在利用 Apriori 算法发现频繁项集的过程中，采用 MapReduce 框架将事务数据库进行分割处理，每个节点扫描的数据量可以大大减少，实现并行处理的效果，提高了算法的性能和可扩展性，并获得了可靠的挖掘分析结果。

基于 Hadoop 平台的 Apriori 算法改进，主要有两个方向：一是将数据集分散到每个节点，并行挖掘局部频繁项集，再汇总得到全局频繁项集；二是利用迭代 MapReduce 挖掘出频繁项集。

1.Apriori 算法并行化设计

Apriori 算法执行过程中快速准确地查找出频繁项集，对整个数据挖掘过程是非常重要的。由于 Apriori 算法运行过程中需要不断循环迭代，在第 k 次时，算法会对事务数据库中候选 k- 项集 $C_k$ 中出现的项集发生次数计数。通过求和运算，可以得出 $C_k$ 中每个元素的支持度，构成频繁项集 $L_k$，然后通过找出频繁项集 L，得出相应的关联规则。由此，能够得出基于 Hadoop 平台的并行化 Apriori 算法的改进策略，主要步骤如下：

（1）通过 MapReduce 并行编程框架处理数据，得出频繁 1- 项集 $L_1$。

（2）当 k≥2 时，对 $L_1$ 进行处理，得到候选 k- 项集 $C_k$。

（3）在 Map 阶段，为每个 Map 任务分配数据集，Map 节点对其进行计算，得出 $C_k$ 项目集在其分片数据中出现的次数。

（4）在 Reduce 阶段，执行 Reduce 任务处理数据，Reduce 节点将 $C_k$ 在每个 Map 节点上的支持度合并起来，得到全局支持度，将全局支持度与最小支持度进行比较，计算出全局频繁 k- 项集 $L_k$。

（5）如果集合 $L_k$ 不为空值，并且 k 小于最大迭代次数，则执行 k++，继续执行第 2 步中相关的运算；反之，则继续下一步的执行操作。

（6）对最终得到的频繁项集 L 进行处理，挖掘出相应的关联规则。

上述过程中的 Map 任务和 Reduce 都是并行执行，大大提高了算法的执行效率。

基于 Hadoop 平台的改进 Apriori 算法流程图如图 9-1 所示。

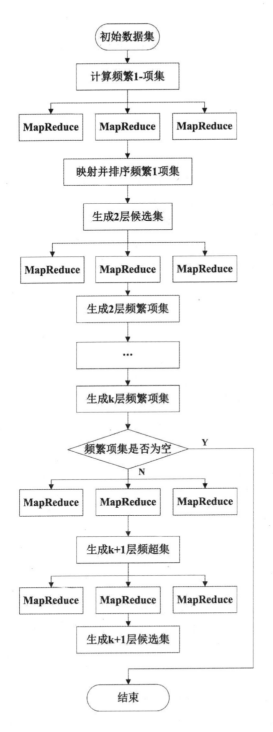

图 9-1 基于 Hadoop 平台的改进 Apriori 算法流程图

**2. 基于 Hadoop 的 Apriori 算法改进**

基于 Hadoop 的 Apriori 改进算法思路如下：利用 Hadoop 中 MapReduce 的计数过程扫描数据库，获得频繁项集，在 Map 阶段产生的同一个项集排序后交给 Reduce 阶段处理，计算 Key/Value 键值及其频度。将 Apriori 与平台 Hadoop 平台的 MapReduce 编程框架结合，分布式计算的数据处理的具体过程可以分为 4 个步骤。

第一步：数据初始化

（1）将预处理后的数据集分片成若干个小数据块，输入到编写好的 MapReduce 框架中，然后执行 Map 任务。

（2）在 Map 任务中，对数据块中每一条记录进行处理，输出形如 <Key,Value> 的结果，其中 Key 为记录中的每一项，Value 为 1。

（3）执行 Reduce 任务，汇总 Map 任务中产生的中间结果，与最小支持度阈值进行比较，得出频繁 1- 项集。

（4）对频繁 1- 项集进行排序操作，将每一项映射为一个数。

（5）执行 Map 任务，按顺序生成候选 2- 项集，输出形如 <Key,Value> 的结果，其中 Key 为生成项的基模式，Value 是生成的项。

（6）汇总 Map 阶段和 Reduce 阶段的结果，并按基模式对其分类。

第二步：生成 k 层频繁项集

（1）加载第一步生成的 k 层候选集，并读取出频繁 1- 项集的映射表。

（2）格式化 Map 任务输入的数据块，将其转换成形如 <Key,Value> 格式，其中 Key 是每行的数据段，Value 是频繁 1- 项集中的映射表。

（3）按照映射表中对应的数据，对数据库中的每条记录进行映射，并对其排序，得到一组数字集。

（4）判断 k 层候选集中的每一项是否与数据库中每一项相对应。如果对应，则输出形如 <Key,Value> 格式的结果，其中 Key 是 k 层候选集的项，Value 为 1。

（5）执行 Reduce 任务，输出的局部频繁项集合并，计算 k 层候选集中的每一项，通过与最小支持相比较，生成 k 层频繁项集。

第三步：生成 k+1 层候选集

（1）在 Map 任务中，输入第二阶段生成的 k 层频繁项集中的每一行数据，生成 k+1 层超集。

（2）Map 任务从 k 层频繁项集中提取基模式与生成模式，并输出形如 <Key,Value> 格式的结果，其中 Key 为基模式，Value 为生成模式。

（3）根据剪枝策略，对 k+1 层超集剪枝，并载入 k 层频繁项集的生成模式。

（4）Map 任务读取并遍历超集中的所有子集，如果子集不属于频繁项集的项则删除，最后输出形如 <Key，Value> 格式的结果，其中 Key 为基模式，Value 为生成模式。

（5）汇总 Map 阶段和 Reduce 阶段的结果，得到 k+1 层候选集。

第四步：生成关联规则

（1）将频繁项集的项分割后分散到各个节点上，生成格式形如的 <Key1,Value1> 键值对，其中 Key1 表示该记录的偏移量，Value1 表示频繁项集中的一项。

（2）在 Map 任务中生成每个频繁项集的规则，输出形如 <Key2,Value2> 形式的中间结果。其中，Key2 表示频繁项集中的一项，Value2 表示生成的规则结果。

（3）Reduce 任务对上一步中的 <Key2，Value2> 合并处理，将其保存至 HDFS 中，从而得到了最终的关联规则。

3. 改进 Apriori 算法性能分析

通过以上对 Apriori 改进算法的过程进行分析，得出如下分析结果：

（1）改进方法实现了 Apriori 算法和 Hadoop 平台的结合。

（2）改进的 Apriori 算法借助 MapReduce 编程框架实现，通过 Map 任务和 Reduce 并行执行，提高执行效率，特别是在处理大数据集时，改进算法更具优势。

（3）通过数字映射操作、排序和删除多余项等步骤，也进一步提高了 Apriori 算法的效率。

4. 基于 Hadoop 的数据挖掘过程

如图 9-2 所示，是 Hadoop 平台下基于 Apriori 算法的数据挖掘过程。将预处理后的肿瘤数据导入 Hadoop 平台中，Map() 函数首先对数据进行分片，形成小数据块子集，将数据转换成 <Key，Value> 键值对的形式。Reduce() 函数扫描各个子集，选定候选项集，将候选集中不符合支持度阈值的候选项去除，确定各个子集的频繁项集。合并子集中的频繁项集，形成全集频繁项集。通过设定置信度阈值，筛选频繁项集，最终获得相应的关联规则。

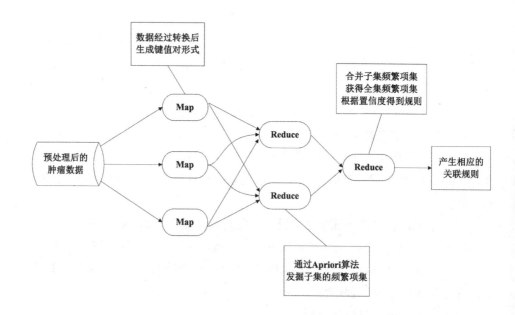

图 9-2　Hadoop 平台下 Apriori 算法的数据挖掘过程

## 9.3.2　Hadoop 平台下肿瘤数据挖掘实验

1. 实验环境

通过在实验室环境下搭建 Hadoop 集群平台来实现。选取 7 台普通的搭载 Lmux 操作系统的 PC 机，利用 Java 语言编程，采用 MapReduce 编程框架。

（1）硬件环境。本实验选用的 7 台 PC 机，一台作为 NameNode，另外六台作为 DataNode，具体的硬件配置如表 9-1 所示。

表9-1　硬件环境配置

| CPU | Intel(R) Core(TM) i7-5500 CPU @2.40GHz |
| --- | --- |
| 内存 | 8G |
| 硬盘 | 500G |

（2）软件环境。Hadoop 集群软件环境如表 9-2 所示。

表9-2　Hadoop集群软件环境

| 操作系统 | Ubuntu 16.04 |
|---|---|
| Hadoop 版本 | Hadoop 2.6.0 |
| JDK 版本 | JDK1.8 |

（3）集群网络。Hadoop 集群的节点 IP 地址分配情况如表 9-3 所示。

表9-3　Hadoop集群节点IP地址分配

| 机器名 | IP 地址 | 职　能 |
|---|---|---|
| Masters | 192.168.1.101 | NameNode master JobTracker |
| Slave1—Slave6 | 192.168.1.102—192.168.1.107 | DataNode slave TaskTracker |

### 2.算法改进对比分析

搭建好 Hadoop 集群环境，将预处理后的肿瘤数据整合至数据库中，准备进行实验。MapReduce 是并行编程框架，将大规模数据集划分成块，分布到所有的工作节点上，并行执行算法，以此来提高工作效率。为了验证本课题的改进算法的有效性与可行性，对算法改进的情况进行对比分析，在相同的实验环境下，将提出的改进 Apriori 算法通过 Java 语言编程实现，分析评估在搭建好的 Hadoop 集群上运行改进算法所消耗的时间。节点数分别设置为 1、2、3、4、5、6,支持度分别设为 0.025、0.05、0.075、0.1，数据量分别选用 1G、2G、4G、8G、12G、20G 的医疗数据集。实验分别执行 3 次取其平均值，最终的运行时间情况如表 9-4 所示。

表9-4　算法运行时间比较

| 节点数 | 支持度（%） | 数据集（G) 和运行时间（ms) | | | | | |
|---|---|---|---|---|---|---|---|
| | | 1G | 2G | 4G | 8G | 12G | 20G |
| 1 | 2.5 | 51 373 | 89 692 | 157 823 | 212 157 | 283 984 | 514 379 |
| | 5 | 48 935 | 83 424 | 142 936 | 209 381 | 275 913 | 504 762 |
| | 7.5 | 44 817 | 79 877 | 136 418 | 192 637 | 264 037 | 498 371 |
| | 10 | 41 059 | 72 515 | 12 041 | 189 205 | 254 983 | 485 739 |

| 节点数 | 支持度（%） | 数据集（G)和运行时间（ms) | | | | | |
|---|---|---|---|---|---|---|---|
| | | 1G | 2G | 4G | 8G | 12G | 20G |
| 2 | 2.5 | 40 122 | 70 294 | 10 5921 | 153 975 | 213 792 | 397 405 |
| | 5 | 38 624 | 62 493 | 99 483 | 138 397 | 207 491 | 382 901 |
| | 7.5 | 36 109 | 58 934 | 97 862 | 120 546 | 194 693 | 378 932 |
| | 10 | 33 937 | 54 762 | 95 634 | 114 708 | 170 | 359 301 |
| 3 | 2.5 | 33 436 | 58 492 | 99 879 | 136 309 | 154 059 | 293 891 |
| | 5 | 30 592 | 55 027 | 97 572 | 123 917 | 144 823 | 285 639 |
| | 7.5 | 27 361 | 51 436 | 95 351 | 117 295 | 139 341 | 269 205 |
| | 10 | 23 859 | 48 392 | 93 075 | 104 472 | 124 803 | 250 843 |
| 4 | 2.5 | 24 274 | 47 025 | 69 531 | 96 251 | 133 464 | 263 432 |
| | 5 | 21 840 | 44 841 | 68 724 | 94 623 | 125 364 | 258 654 |
| | 7.5 | 18 407 | 41 937 | 66 929 | 92 436 | 114 743 | 248 347 |
| | 10 | 15 038 | 38 945 | 65 071 | 89 351 | 107 428 | 236 431 |
| 5 | 2.5 | 16 289 | 37 079 | 58 302 | 84 134 | 99 363 | 213 643 |
| | 5 | 13 403 | 34 837 | 56 253 | 81 532 | 95 746 | 203 644 |
| | 7.5 | 11 586 | 31 984 | 54 851 | 79 325 | 92 436 | 193 464 |
| | 10 | 8 927 | 28 670 | 51 842 | 75 025 | 89 353 | 187 342 |
| 6 | 2.5 | 8 635 | 29 274 | 49 921 | 63 462 | 91 436 | 194 526 |
| | 5 | 7 592 | 25 624 | 47 832 | 60 354 | 89 346 | 187 443 |
| | 7.5 | 6 374 | 21 847 | 45 902 | 57 324 | 86 347 | 177 345 |
| | 10 | 5 291 | 17 406 | 42 631 | 53 536 | 83 642 | 168 452 |

从表中运行时间对比可以看出，算法运行的时间消耗随着 Hadoop 节点数的增加而减少，但是减少的时间与节点数据的增加并不是呈现倍数关系，这是由于当节点数增加时，节点间通信、启动和故障处理所消耗的时间也随之增加。总的来说，Hadoop 节点个数的增加能够提高算法的执行效率，减少时间消耗。但是随着工作节点数的不断增加，系统性能终将会达到瓶颈，再增加节点就会造成资源浪费，故而在搭建 Hadoop 集群前需要清楚集群的工作负载。此外，当运行相同的数据量时，并行算法的运行时间会随着最小支持度的增加而不断减小，这是由于生成的候选集和频繁项目集也随着最小支持度的增加而减少，计算项目集的时间也由此缩减。由此可见，改进的分布式 Apriori 算法可以提高算法的执行效率，能够满足医疗大数据的挖掘与分析要求。

3. 数据挖掘实验方案

根据挖掘出的频繁项集，设置最小支持度 min_sup、最小置信度 min_conf 以及兴趣度，兴趣度对关联规则的精确性有一定的影响。在实验方案确定过程中，采用设定不同参数多次实验的方式，通过从实验结果的对比确定最优的数据挖掘参数阈值。每次实验分别运行 3 次取其平均值，得到的参数设置对照表运行结果如表 9-5 所示。

表9-5　参数设置对照

| 最小支持度 | 最小置信度 | 兴趣度 | 强规则数值结果 |
| --- | --- | --- | --- |
| 0.07 | 0.5 | 0.9 | 227 |
| 0.08 | 0.5 | 1.0 | 213 |
| 0.09 | 0.5 | 1.01 | 196 |
| 0.10 | 0.5 | 1.02 | 175 |
| 0.10 | 0.5 | 1.03 | 142 |
| 0.10 | 0.5 | 1.04 | 127 |
| 0.10 | 0.5 | 1.05 | 35 |

在最小置信度统一设置为 0.5 的情况下，从实验运行结果对比可以看出，最小支持度为 0.07、兴趣度为 0.9 时，规则有很多，这样情况下挖掘出的规则是没有意义的。当最小支持度提高到 0.08 时，运行结果变化不明显。设定最小支持度的值为 0.1，当兴趣度提高到 1.05 时，数据的结果发生了明显变化。由此可见，兴趣度的取值对挖掘结果有着一定的关系。通过多次实验对比，选定最小支持度为 0.1，最小置信度设置为 0.5，兴趣度设置为 1.05，同时节点数设置为 6,进行相关的病症之间关联规则分析。相对而言，这是针对肺部肿瘤数据挖掘较为适合的参数。

4. 实验结果及分析

根据以上过程，设定相应的最小支持度、最小置信度、兴趣度、节点数，扫描数据库中的肿瘤数据集，并与设定的阈值进行比较，最终产生了如表 9-6 所示的频繁项集挖掘结果。

表9-6　数据挖掘结果

| 结　果 | 支持度 | 置信度 | 兴趣度 |
|---|---|---|---|
| {肺部肿瘤}--->{吸烟} | 0.131 2 | 0.654 2 | 1.36 |
| {肺部肿瘤}--->{肺部慢性感染} | 0.120 5 | 0.701 4 | 1.27 |
| {肺部肿瘤}--->{职业致病因子} | 0.152 1 | 0.752 9 | 1.08 |
| {肺部肿瘤}--->{咳嗽,痰中带血} | 0.110 4 | 0.537 8 | 1.14 |
| {肺部肿瘤}--->{胸痛,胸闷,肩痛} | 0.108 3 | 0.510 9 | 1.02 |

综合所有的挖掘结果进行分析，可以得出如下分析结果：

（1）肺癌的发病率与吸烟有着极大的关联关系，烟龄的长短与肺癌的发病、死亡率成正比。对吸烟量属性值分别为 20、10、0 进行对比分析，即吸烟量每日 20 支以上、每日 10 支以下、几乎不吸烟三种情况，可得到如图 9-3 所示的关系图。

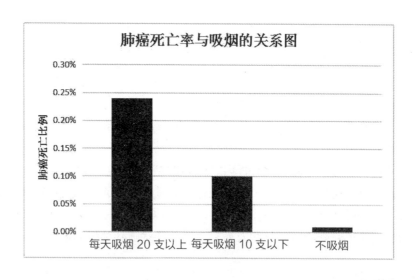

图 9-3　肺癌死亡率与吸烟的关系图

（2）肺癌易发病的年龄段在 60 岁到 70 岁之间，通过最近几年的数据发现，随着吸烟人群的低龄化，肺癌也逐渐呈现出低龄化的趋势，应警惕低龄肺癌患病倾向。此外，男性肺癌患者总体多于女性肺癌患者，在高龄患者中尤为明显，这与男性吸烟人群量大有关系。

（3）肺癌与职业致病因子有着密切的关系，通过对职业属性进行关联分析发现，从事化工、石棉、煤炭、石油等暴露性职业人群，接触较多的职业致癌因素，患肺癌的几率比较大。

（4）实验结果在户口这一属性中显示出了一定关联分析，发现城镇居民肺癌发病率和死亡率高于农村居民，这与城市的居住环境、饮食结构、生活方式有着很大的关系。

（5）在患者的既往病史中，患过肺部慢性感染的患者，如肺结核，肺部发生癌变的几率比较大。

（6）胸痛、胸闷、肩痛、咳嗽、咳中带血等症状，与肺癌有着强关联关系，在临床表现中较为常见，当患者出现这些症状时，特别是长期吸烟者、老年人，要高度警惕，有极大可能发生了肺部癌变。

（7）早期肺癌与症状间没有明显的关联规则，通过对检查数据的关联规则挖掘发现，低剂量螺旋CT筛查可以及早发现早期肺癌，为早期肺癌判断提供依据。

肺癌的死亡率一直居于癌症死亡率榜首。通过上述结论我们可以发现，吸烟和肺癌关系密切相关，是肺癌的一大致病因素。中老年人群应该提高自己的预防意识，养成良好的生活习惯。矿工、化工厂工人等高危职业人群，应注意肺部健康，预防病变的发生。最重要是做到定期筛查，早预防、早发现、早治疗，减小肺部肿瘤的发生与恶化。

通过以上关联规则挖掘，建立疾病与症状间的关联关系，可以作为肺部肿瘤诊断的依据，对肺部肿瘤疾病的诊断和预防有着重要的现实意义。

# 9.4　生物黑客

现在，所有这些新的有关数据的倡议都与"非传统的研究者"有关。谨慎地讲，他们并不全是天才高中生或毕业生。事实上，其中一些人完全是另一种类型的天才。他们被统称为生物黑客。

和计算机黑客一样，生物黑客也分白帽子和黑帽子两种。那就是，一些生物黑客致力于行善，而其他人反其道而行之，以颠覆秩序为乐。像电脑黑客一样，绝大多数生物黑客早期事实上都是白帽子黑客。

例如，生物黑客现场制作廉价的抗生素，防止药品无法顺利运抵目的地，或一旦运抵又因缺乏冷藏条件而无法存储。黑客还能够破解DNA生命密码，进行基因重组试验，并开发基于遗传疾病相关的药物、治疗方法和生物防御。这些生物黑客尝试单独一人在帐篷里、厨房水槽里或车库里搞科研、做实验，参加研讨会和专业聚会活动。

来自洛杉矶的生物黑客便是一个很好的例子，他们是一群才华出众的业余生物学爱好者。通常在每周日下午举行聚会，在洛杉矶市中心拥有自己的实验室。实验室通过成员筹款资助建立，对所有成员开放使用。2014 年 4 月，Backyard Brains 公司和洛杉矶生物黑客合作主办了名为 *Backyard Brains SpikerBox* 的研讨会，旨在展示他们研究解决的各类项目。这听上去很吓人，但是他们的确是在进行真正的科学研究。

黑客们进行的科学研究备受尊重，2013 年 3 月 17 日他们在网站上写道：

"约翰·霍普金斯大学建立的一个基因组 (Build-A-Genome) 课程中第一次特许洛杉矶生物黑客旁听。这个项目由美国国家卫生基金会 (National Sanitation Foundation，NSF) 资助，致力于构建合成大量酵母基因组研究，俗称啤酒酵母或面包酵母。课程教授对象通常为高年级大学生和低年级研究生，我们将有机会直接参与课程，并与名牌大学直接合作，参与重大科研项目。适应整个课程可能只需很少的生物学背景，但是我们非常期待这个过程。"

大多数生物黑客团体专门进行科学研究，还有很多选择其他方式。例如，科班出身的生物学家艾伦·乔根森 (Ellen Jorgensen) 和她的同事们创办了位于布鲁克林的非营利性 DIY 生物实验室 Genspace，这家实验室致力于公众科学，为生物爱好者提供了实验生物技术的平台。Genspace 符合政府标准，即实验室所有的设备和传统实验室一样符合美国国家卫生部规定的一级生物安全水平要求。乔根森 2012 年 6 月还曾经在 TED 做了一场名为《生物黑客——你也可以做到》的演讲，鼓励其他国家建立这样的实验室，为生物黑客实验提供场所。

乔根森并非唯一一个对生物黑客研究做出贡献的人，微软创始人比尔·盖茨 (Bill Gates) 也曾经做过类似努力。《连线》杂志著名编辑斯蒂文·赖维 (Steven Levy) 曾经在 2010 年 4 月 19 日发表的一篇文章中写到比尔·盖茨对生物黑客的想法：

比尔·盖茨曾经说，如果他今天还是一名少年，可能会成为生物黑客。"借助 DNA 合成技术创造人造生命，相当于用机器语言编程。"盖茨在比尔及梅林达·盖茨基金会发挥了自己在疾病和免疫学方面的专长。"如果你希望对世界做出翻天覆地的改变，生物分子就是你的着手之处。"这就是即使身处一个计算无处不在、又非常易于使用的时代里，黑客精神还能够延续下去的原因。"但现如今有更多机会，"比尔·盖茨说，"都是不同的机会。需要年轻的天才学者投入狂热和纯真，才能推动计算机产业不断向前——而且还可以对人类生存条件产生影响。换句话说，黑客将成为推动下一次革命的英雄。"

有许多资源可供初学者和中级生物黑客学习使用，包括实时显示分析数据的开源 PCR 仪 (OpenPCR) 和生物积木 (BioBricks) 项目。聚合酶链式反应 (PCR 技术) 是在实验室中以少量样品 DNA 制备大量 DNA 的生化技术。OpenPCR 是一个 DIY 的工具包，包含建立聚合酶链反应设备，即一个热循环仪器能够可靠地控制聚合酶链式反应，进行 DNA 检测、测序和其他应用所需的一切。由于附带 Windows 和 Mac GUI 应用程序，它比传统的聚合酶链反应仪器更易于使用。生物积木基金会提供用于合成生物学的、拼装好的、具有特定功能的 DNA 小片段，称之为"生物积木"。能够学会这样的片段会大大提高生物黑客的工作效率。其他还包括犹他 (Utah) 大学提供的虚拟聚合酶链式反应实验室和开放源代码库，如开源软件开发者进行开发管理的集中式场所 Sourceforge 提供的开源黑客项目 / 设备。

此外，还有生物黑客为其他同行制作设备，如将一个普通的 Dremel 电机打磨机，改装成一个非常便宜又十分好用的离心机。若要查看生物黑客卡瑟尔·加维 (Cathal Garvey) 如何在野外帐篷中使用这个工具，请查看他在网站 Vimeo 上的视频，网址为 http://vimeo.com/23146278。

总而言之，生物黑客已经在其他研究领域取得了重大进展，这些领域曾经被学术机构和大型制药生物公司牢牢把控。生物黑客往往比世界上许多资金充足的研发部门发明、生产和创新的速度更快，所以他们对现有很多行业构成了威胁，尤其是整个制药行业。这至少部分解释了之前充满敌意的竞争对手现已开放分组大数据项目，以便更快完成实验的原因。也可以解释为什么一些公司现在正在将生物黑客和其他非传统研究人员纳入其阵营。因为，这样做更有利于其业务发展，比将这些黑客变成坚决的，甚至可能被煽动的竞争对手强得多。

无论哪种情况，即便没有比专业同行更快，公民科学家也能很快地生成数据。数据分析对专业人员和公民科学家都非常有帮助，加速生物医院制药领域取得重大突破。随着协同经济崛起，许多新的业务领域出现。正是由于很多普通人一起工作并有效取代现有产业，从而促成了这样的转变。中断促使新模型出现，并适应新环境，速度之快前所未有。大数据分析非常适合尽早发现这种变化，并协助公司对变化做出反应。

## 9.5　电子健康

说到大数据在医疗保健中的作用，就不得不提及美国 2010 年患者保护与平价医疗法案，通常也被称为奥巴马医改法案。虽然该法案一直存在争议，但本节不涉及政治，只探讨法案对医疗数据的影响和数据使用的效果。

电子病历 (Electronic Medical Records，EMR) 和电子健康记录 (Electronic Health Records，EHR) 在法案要求的众多技术项目中已经获得授权使用。必须明确，这两个概念通常容易混淆，电子病历是由某一个医院创建的数字化患者档案，电子健康记录是某一个病人所有电子病历的集合，包括病人完整的医疗记录，其中有一部分来自于不同的医生和医院。例如，如果某个病人去看医生，医生就会为他创建一份电子病历，记录他每次看病和治疗的过程、提供的医疗服务、所开药物、所做检查和任何其他可能的转诊记录。这份电子病历会纳入该病人整体电子健康记录，其他医师和医疗机构也可以将其针对同一个病人所做的电子病历添加到该病人的电子健康记录中，共享医疗数据，如 X 射线和实验结果。这种做法有助于为病人创建一个完整的医疗记录，预防医疗事故发生，防止延误治疗时机，提升诊断速度，确保正确治疗，同时避免不必要的重复医疗测试。这样，在医疗质量提升的同时，医疗费用（在理论上）降低了。

美国疾病控制与防治中心医生盖斯 (Geiss) 说，电子病历和电子健康记录对医生很有帮助，由此生成的数据和衍生数据很快也会对其他人有所帮助，受益者将是病人自己。病人很快将能够在线查看所有病历，如有需要可以查看医生诊断说明，更多地掌握和了解自身健康状况，以及接受的医疗服务。某个医院或某个医生轻易掩盖医疗事故的日子已经一去不复返了，如手术中无意间将一块海绵或医疗工具落在病人体内，或者病人在住院期间意外感染等。电子病历和电子健康记录制度使医疗保健系统透明度大增，也为该制度敲响了警钟，使医疗事故诉讼有不断增加的趋势。然而，无论研究人员、医疗机构还是病患团体都极其推崇这种形式，认为这种方式有利于与病人合作，收集更多信息，实现更好的治疗效果。

平价医疗法案还采用了国际疾病编码第 10 次修订本 ICD-10，具体来说，ICD-10-CM 用于诊断编码，ICD-10-PCS 则用于过程编码。1CD-10 比以前使用的老版本 ICD-9 更为详细。一旦完全生效，新编码将拥有很多优势，其中最重要的是可以根据需要轻松搜索和分析高度可用的结构化数据，改变全美医疗保健数据结构。

但是，很多医生和医疗服务机构感到医生电子医嘱 (Computerized Provider Order Entry,CPOE) 并没有让医生减负，其中很多人还尚未掌握它。这对许多医院都是致命的打击。然而，随着新的 ICD-10 编码应用和全美数字化医疗体系铺天盖地地引入，发生这一切都在意料之中。而且，服务费用支付方式发生转变，从计件收费到按病人治愈效果收费，很多医护工作者并不确定支付方式转变能够顺利进行。然而，一旦医护工作者了解并习惯使用新技术和新代码，一切就会走入正轨。和任何技术上的转变一样，有效变革管理是成功的关键。有趣的是，大数据工具，特别是数据分析和可视化效果，也对变革管理起到了很大帮助。一些医院正在使用这些大数据工具，帮助医生和其他医疗机构理解所做的更改以及管理方式，帮助他们遵守新的规定。换句话说，大数据工具会提醒医疗服务机构，采取具体行动敦促所有人遵守规章制度。传统上警示都在事情发生之后才会发布，要追溯性地采取纠正措施时，往往为时已晚。

# 参考文献

[1] 吕云翔. 大数据基础及应用 [M]. 北京：清华大学出版社，2017.

[2] 帕姆·贝克. 大数据策略：如何成功使用大数据与 10 个行业案例分享 [M]. 于楠，译. 北京：清华大学出版社，2016.

[3] 许云峰. 大数据技术及行业应用 [M]. 北京：北京邮电大学出版社，2016.

[4] 陈春宝，阙子扬，钟飞. 大数据与机械学习 [M]. 北京：机械工业出版社，2017.

[5] 陈立强. 大数据技术在铁路运输统计中的应用研究 [D]. 兰州：兰州交通大学，2016.

[6] 梁亚声，徐欣. 数据挖掘原理、算法与应用 [M]. 北京：机械工业出版社，2015.

[7] 董威. 粗糙集理论及其数据挖掘应用 [M]. 沈阳：东北大学出版社，2014.

[8] 薛薇. 基于 SPSS Modeler 的数据挖掘（第二版）[M]. 北京：中国人民大学出版社，2014.

[9] 徐宗本. 数据分析与处理的共性基础与核心技术 [J]. 大数据，2016（6）例.

[10] 维克托·迈尔·舍恩伯格. 大数据时代：生活，工作，思维的大变革 [M]. 杭州：浙江人民出版社，2013.

[11] 黄宜华，苗凯翔. 深入理解大数据：大数据处理与编程实践 [M]. 北京：机械工业出版社，2014.

[12] 赵国栋，易欢欢，糜万军，等. 大数据时代的历史机遇：产业变革与数据科学 [M]. 北京：清华大学出版社，2013.

[13] 程学旗，靳小龙，杨婧，等. 大数据技术进展与发展趋势 [J]. 科技导报，2016，34（14）：49–59.

[14] 宋波，朱甜甜，于旭，等. 医疗大数据在肿瘤疾病中的应用研究 [J]. 中国数字医学，2017，12（8）：35–37.

[15] 李翠霞，王有为.海量医学数据中的特定数据挖掘模型仿真分析[J].计算机仿真，2016，33（8）：342-345.

[16] 刘华东，马海群.大数据环境下国内外健康数据平台开放性对比分析[J].数字图书馆论坛，2016（6）：16-22.

[17] 周殷杰，向明飞，李涛.医疗大数据在恶性肿瘤诊治中的应用[J].国际肿瘤学杂志，2016，43（1）：75-78.

[18] 林森.大数据解读癌症[J].百科知识，2016（8）：4-7.

[19] 姚山虎，罗爱静，冯麟.国外医学大数据研究进展及其启示[J].医学信息学杂志，2016，37（2）：16-21.